# 화석은
# 살아 있다

# 화석은 살아 있다

**초판 1쇄 펴낸 날**  2013.4.24

엮은이      장순근
발행인      홍정우
책임편집    위정훈
디자인      강영신
마케팅      한대혁, 정다운
발행처      도서출판 가람기획
등  록      1999년 10월 22일(제1999-000148호)
주  소      (121-894) 서울시 마포구 서교동 381-36 1층
전  화      (02)3275-2915~7
팩  스      (02)3275-2918
이메일      garam815@chol.com

© 장순근, 2013
ISBN 978-89-8435-322-0 (43450)

# 화석은 살아 있다

장순근 지음

가람
기획

# 화석은 지구의 과거를 들여다보는 창문

화석이란 아주 옛날에 살았던 동물들의 뼈나 껍데기나 식물의 줄기처럼 굳은 것이 돌이 된 것을 말해. 또 발자국이나 배설물 흔적도 화석이란다. 옛날에 살았던 생물들은 죽어서도 자신의 화석을 남겨서 자기가 살았다는 것을 말하고 살았던 모습도 보여 주고 있어.

화석을 보면 지구 역사 46억 년 동안 아주 많은 종의 생물들이 나타난 것을 알 수 있어. 그러므로 화석은 지구의 과거를 들여다보는 창문이란다. 곧 우리는 화석이라는 창문을 통해서 그 주인공들 자체와 그들이 살던 때와 환경을 알 수 있단다.

이 책에서는 우리에게 낯익은 화석의 주인공들이 지구 위에 나타나고 발달하는 순서에 맞추어 등장해 살아간 모습을 간단하고 알기 쉽게 설명했단다. 공룡이나 새나 포유동물처럼 여러 분이 관심을 가질 것 같은 부분은 더 자세하게 이야기했어. 또 인류의 발달과 적응과 동물의 멸종처럼 넓은 주제에 걸쳐 이야기를 했어.

이 책을 만든 출판사 가람기획에서 편집을 맡은 분들이 아주 고마워. 그분들의 노력이 없었다면 이 책은 나오지 못했을 거야.

장순근

# 고생대 이전~ 고생대 5억 4,200만 년 전~2억 5,100만 년 전

내가 바로 **삼엽충**이다!
내가 고생대에
젤 잘나갔어!

육상이끼 등장!

**오르도비스기**
생물이 와글와글 번성했어.

축, 무척추동물 탄생!

나도
태어났거든.

**캄브리아기**
무척추동물 탄생, 원시어류 등장

(대표화석 : 미생물)

# 고생대 이전
## 46억 년 전~5억 4,200만 년 전

최초 생명체 출현, 최초 초대륙 생성, 산소 축적,
다세포동물 출현, 에디아카라 동물군 출현

**멸종**
2억 5,100만 년 전

**페름기**
은행, 소철 등장

**석탄기**
파충류 등장!
겉씨식물(소나무, 잣나무)도 등장

식물도 봐줘!

개굴
개굴

**데본기**
양서류 등장. 어류시대!!

지 각 변 동 !

**실루리아기**
땅덩어리가 크게 흔들리고
이리저리 움직였어.

# 중생대 2억 5,100만 년 전~6,550만 년 전

# 신생대 6,550만 년 전~현재

후후, 신생대의 왕자는 나 **매머드**야!

난 하늘 높은 줄 몰라!

**올리고세**
날이 점점 추워졌어.
키다리 새들이 우르르 등장했어.
그리고 속씨식물(과일)이 번창했어.
날이 따뜻해서 남극 대륙에 소나무 숲이 있었어.

**에오세**
지구 온도가 아주 높았어

**팔레오세**
포유류가 지구에 나타났어

# 차례

# 2장. 고생대 - 무척추동물이 나타났어

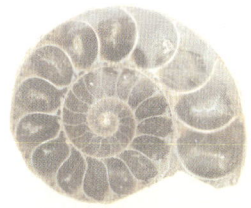

## 4장. 신생대 - 나와라, 포유동물!

## 5장. 600만 년 전 - 아프리카에서 사람이 나타났어

# 1장.

# 고생대 이전

## - 미생물이 있었어

선캄브리아기　：　46억 년 전~5억 4,200만 년 전

지구 역사 46억 년에서 고생대는 5억 4,200만 년 전에 시작했단다. 화석을 보면, 고생대에 들어서면서 여러 가지 동물이 갑자기 나왔어. 그래도 고생대가 시작되기 전에 미생물이 가장 먼저 나왔단다. 고생대 이전을 고생대 초기인 캄브리아기 이전이라고 해서 선캄브리아기라고도 불러. 미생물은 아주 가혹한 곳에서도 살 수 있고 산소 없이도 살 수 있어. 미생물도 흔적을 남겨 지금도 가끔 화석으로 발견돼.

# 1. 생물 탄생의 비밀

## 생물 탄생에 관한 3가지 설명

아주 옛날 생물은 어떻게 나타났을까? 생물체가 지구 위에 나타난 과정은 3가지 정도로 설명할 수 있어.

첫째, 원시 지구대기를 만들었던 메탄가스와 암모니아 같은 성분들이 번개의 작용으로 합성되어 생명체가 만들어졌다는 주장이야(아주 옛날 공기에는 산소가 없었단다). 1953년에 옛날 지구의 공기라고 생각되는 메탄가스, 암모니아가스, 수소와 물을 플라스크에 담고 끓이면서 전기로 방전시켜보았어. 말하자면 사람이 번개를 치게 했던 거야. 일주일 정도 끓이자 놀랍게도 처음 보는 붉은 물질들이 플라스크 안에 만들어졌단다. 그 물질들은 단백질의 기본 구성물질인 아미노산이었어. 생물체는 아니었지만 생물체에 반드시 필요한 물질들이지. 그러나 1990년대에 새로운 사실이 밝혀졌단다. 과학자들이 초기 지구의 공기에는 메탄이나 암모니아 성분보다는 이산화탄소와 약간의 질소가스가 훨씬 많았다는 것을 알아낸 거지. 그래서 2008년에는 그 공기에서도 엄청난 양의 아미노산을 만들어냈단다.

둘째, 생물체나 생물체를 만들 수 있는 기본 물질들이 외계에서 지구로 날아왔다는 주장이야. 밤하늘을 가로질러 날아온 운석에서 생물체의 기본 물질들이 발견되곤 하거든. 한편 우주 공간에서 만들어진 생물체가 우주에서 날아오는 얼음덩어리와 함께 지구로 왔다고 생각할 수도 있어. 우주에서 얼음덩어리가 날아온단다.

셋째, 생물체가 깊은 바다에서 생겨났다는 주장이야. 수심 2,500~3,000미터 정도의 깊은 바다 밑바닥에서 바위 속으로 스며든 바닷물이 마그마의 열로 섭씨 350도 정도까지 뜨거워져 검은 연기처럼 솟아나는 곳이 있단다. 여기에는 처음 보는 미생물들과 동물들이 모여서 살았어. 또 심해의 덜 뜨거운 곳에서도 새로운 동물들이 모여서 사는 것이 발견되었단다. 그러니 최초의 생명체가 이런 곳에서 생겨났다고 생각할 만하지?

지상에 최초의 생물체가 생긴 과정을 설명하는 이들 주장에는 각각 장점과 약점이 있어서 생명체의 탄생은 아직도 신비에 싸여 있단다.

## 심해 열탕에는

위에서 말한 깊은 바다에는 냄비뚜껑 크기의 하얀 게와 상당히 큰 조개와 길이 2미터 정도의 관벌레도 있어. 그 깊은 바다에는 햇빛이 들지 않아 식물은 없어. 그 대신 바닷물 속에 녹아 있는 화합물을 먹고 사는 박테리아가 있어. 또 그 박테리아를 먹는 동물들이 있어서 그곳에 맞는 생태계를 만들어 살고 있지. 미생물 가운데는 메탄 가스를 먹고 사는 종도 있어. 메탄이 방울방울 솟아나는 수심 2,000미터가 넘는 섭씨 1~2도 정도의 물속에서도 살아가는 미생물을 포함한 새로운 생물체들이 그들이란다. 이 미생물들은 심해의 열탕이 아닌 냉탕에서 사는 거야. 그렇지?

심해저 생태계를 발견하기 전까지는, 사람들은 그런 곳이 있을 거라고 상상도 하지 못했단다.

멕시코 만 수심 550미터에서 발견된 관벌레. 튜브의 붉은 색은 성장을 알려고 표시한 것으로 14개월 키웠다.

## 2. 미생물의 등장

### 미생물, 그들의 아주 특별한 능력

미생물은 아주 작아서 눈으로는 볼 수 없고 현미경의 도움으로만 볼 수 있어. 그러므로 미생물은 최근에 알려지기 시작했단다. 또 현미경의 성능이 점점 좋아지면서 미생물의 종과 숫자가 아주 많다는 것이 알려졌어.

미생물이 연구되면서 미생물에게는 특별한 능력이 있다는 것이 밝혀졌단다. 미생물 가운데 아주 가혹한 환경에서도 살아가는 종이 있는 거야. 예컨대, 시간을 맞추어 정확하게 솟아오르는 온천으로 유명한 미국 옐로스톤 국립공원의 뜨거운 물속에도 미생물이 있단다. 또 물이 끓는 온도인 섭씨 100도를 넘은 섭씨 115도의 뜨거운 곳에서 살거나 섭씨 140도에서도 얼마 동안 사는 미생물도 있어. 미생물은 땅속 아주 깊은 바위 속, 예를 들면 지하 2.8킬로미터에 섭씨 75도나 되는 곳에서도 살고 있단다.

아주 짠물에서 사는 미생물도 있어. 예를 들면 남아메리카 남쪽 파타고니아 지방은 아주 쓸쓸하고 황량한 곳이란다. 그곳에는 비가 아주 조금 오는데 그때 빗물이 흐를 때, 주위의 땅에서 염분이 녹아서 모여들어. 비가 그치면 얕고 넓은 호수가 돼. 그러다 곧 말라붙어. 이런 일이 수천 년 동안 되풀이되면서 호수 물이 아주 짜졌단다. 그러나 그 짠물에도 미생물이 있어 먹이망이 만들어져서 곤충이 모여들어. 또 그 주위의 흙이 썩어서 아주 고약한 냄새가 나지. 흙 속에도 미생물이 많아. 예를 들어, 노르웨이에서는 지금까지 숲의 흙에서 발견된 미생물이 4천종이나 된단다. 그러나 최근 숲의 흙에서 4천~5천종의 새로운 미생물이 더 발견되었단다. 또 숲속의 흙 1그램에는 평균 100억 마리의 미생물이 있어. 흙 속에 생물이 이렇게 많다니 놀랍지?

바다 밑바닥의 흙에서도 4천~5천종 정도의 새로운 미생물이 발견되었어. 그러나 아직도 사람이 발견하지 못한 미생물들이 숲과 바다 밑바닥 흙 속에 대단히 많다고 생각해야 돼. 기온이 아주 낮고 건조한 남극에도 미생물들이 있단다. 학자들은 이런 미생물들이 땅 위에 있는 생명의 기원을 밝히는 데 도움이 된다고 믿어. 그 가운데 하나가 바로 바위 속에 있는 빈틈에서 살아가는 미생물들이야. 이 미생물들은 남극 대륙의 바위 표면에서 1센티미터 정도 깊이에 있어. 그 미생물들은 어떻게 살아갈까?

미생물들은 공기 속에서 탄소와 질소를 얻고 바위 표면에 떨어졌다 녹는 눈에서 물을 얻고 바위에서 영양분을 얻어. 바위로 덮여 있어서 자외선이 세도 괜찮아. 또 기온이 영하 80도 아래로 떨어져도 괜찮단다. 이런 미생물이 많은 남극의 바위는 마치 물감을 칠한 것처럼 초록색, 분홍색, 갈색으로 보여. 하지만 사실은 물감을 칠한 것이 아니라 미생물 덩어리지. 이 미생물들은 조류<sub>세포가 1개인 식물</sub>나 곰팡이 같은 간단한 작은 식물들과 공생을 하기도 한단다. 그러면서 이런 미생물들이 많이 사는 바위는 얇은 조각으로 벗겨져.

남극 대륙의 바위틈에는 미생물이 살고 있는데, 바위만 보면 마치 물감을 칠한 듯 알록달록하다. 미생물들은 공기에서 산소와 질소를 얻고 바위 표면에 떨어졌다 녹는 눈에서 물을 얻고 바위에서 영양분을 얻어서 살아간다. 사진은 남극대륙에서 볼 수 있는 바위들. © 극지연구소 우주선

또 남극 대륙에서 오랫동안 눈이 오지 않았던 골짜기에 있는 호수의 얼음 속에도 미생물들이 있단다. 비다(Vida)라는 호수의 얼음 속 16미터 아래서 발견된 실처럼 가느다란 남세균이 주인공이야. 2,800년이나 된 이 미생물은 지난 2002년에 다시 살아나서 유명해졌어. 죽으면 끝인 대부분의 생물들과는 대단히 달라서 아주 놀랍단다.

두께 19미터의 얼음으로 덮인 이 호수의 바닥에 갇힌 물은 굉장히 짜고 무거워. 왜냐하면 부근에서 흘러들어오는 빙하가 녹은 물에는 소금 성분이 녹아 있는데, 얼음이 얼면서 소금이 모였기 때문이야. 소금물이 얼 때는 순수한 물만 얼고 소금은 따로 모인단다. 그 결과 호수의 물은 바닷물보다 무려 7배 정도나 더 짜단다. 보통 바닷물에는 소금 성분이 3.5퍼센트 정도 있는데, 이런 호수는 25퍼센트 정도야. 또 물이 워낙 짜서 영하 12도에도 얼어붙지 않아. 참, 비다 호수를 덮고 있는 19미터 두께의 얼음은, 호수를 덮은 얼음으로는 빙하를 빼고는 가장 두껍단다. 요즘은 비다 호수의 소금물 속에 스스로 움직이는 로봇을 넣어서 바닥의 모양과 온도와 염분과 물에 녹아 있는 진흙의 양을 재려고 한단다.

## 미생물의 역사는 38억 년!

미생물 가운데에는 가혹한 환경에서도 사는 종이 있다는 것이

알려지면서 미생물은 지구 역사상 가장 먼저 나타난 생물일 것
이라는 추정이 가능해졌어. 또 그 추정은 맞아서 미생물이 지상
에 가장 먼저 나온 생물이라는 것이 알려졌단다. 실제로 가장 먼
저 나온 확실한 생물체는 35억 년 전 원시식물인 남세균의 일종
인 시아노박테리아라고 생각돼. 남세균이란 산소 없이도 살 수
있는, 핵이 뚜렷하지도 않고 핵을 둘러싸는 막도 없는, 아주 유치
한 미생물의 하나란다.

　얼마 전에는 더 이른 약 38억 5천만 년 전에도 생명체가 있었
다는 증거가 그린란드의 바위에서 발견되었단다. 콜로라도 대
학교 지질학자인 스티븐 모예지스가 그린란드 아킬리아 섬의 바
위에서 살아 있는 유기체에서 생겨난 것으로 보이는 탄소를 발
견한 거야. 이 탄소는 살아 있는 생명체만이 만들어낸다는 점에

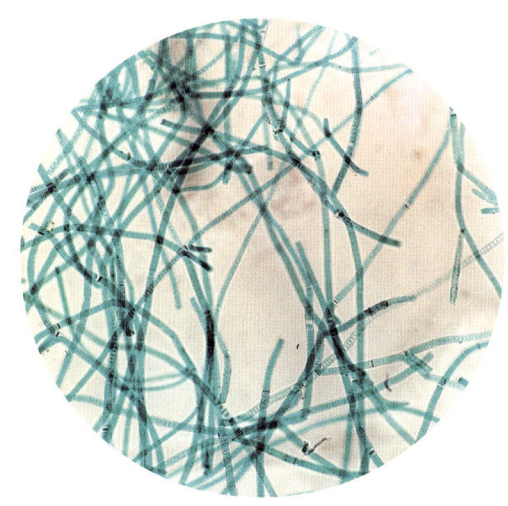

흔히 남조세균, 남조류라고
알려진 시아노박테리아는
광합성으로 에너지를 얻는
세균의 하나다.

서 생명체가 약 38억 5천만 년 전에 나왔다는 증거가 되었지. 물론 이 주장에 의문을 표하는 목소리도 있지만 그렇게 높지 않아.

미생물은 아무리 작아도 화석이 되어서 오늘날 우리 눈앞에 나타난단다. 미생물 화석은 작은 알갱이 모양, 짧은 막대기 모양, 별 모양으로 나와. 이들은 무기물이 아니고 또 저절로 생긴 것은 아니고 생물체라는 생각이 들어. 또 상당히 발전한 미생물은 세포 분열을 하다가 화석이 되어 당시의 미생물도 현재의 세포처럼 번식했다는 것을 알 수 있단다.

미생물 자체가 워낙 작아서 주먹 크기의 처트 조각에서 많이 나오면 몇 만 마리가 나온단다. 투명하거나 연한 연기 색의 처트는 이산화규소로 된 아주 단단한 돌멩이를 말해. 이산화규소의 알갱이 크기가 워낙 작아 박테리아들의 성분은 바뀌어도 구조는 바뀌지 않은 채, 처트 속에 아주 잘 보존돼.

미생물 화석은 바다에서 쌓인 지층보다 민물이나 덜 짠물에 쌓인 지층에서 많이 나와. 그건 아마도 미생물들이 민물이나 덜 짠 바닷물에서 더 많았기 때문일 거야. 미생물 화석은 고생대가 지나간 후에 유난히 많이 나온단다. 왜냐하면 미생물의 종과 숫자가 많아지고 보존이 잘 되었기 때문이야.

우리가 사는 지구로는 태양에서 엄청난 양의 우주 선이 날아온단다. 우주비행사가 타는 우주선이 아니라 가느다란 선線 말이야. 이 선을 막으려고 우주인들은 로봇 같은 옷을 입는 거야. 이 우주 선을 막지 못하면 어떤 생물도 지구에 살 수 없어. 그렇

이산화규소(SiO₂)가 침전되어 생기는 퇴적암의 하나인 처트는 입자가 대단히 작으며 아주 치밀하고 단단하다. 이산화규소는 알갱이 크기가 작아서 미생물이 화석으로 잘 보존된다.

다면 지구에는 어떻게 생물들이 살 수 있게 되었을까?

지구가 커다란 자석이 되면서 우주 선이 지구에서 뻗어나가는 자력선에 잡혔기 때문이란다. 지금 하늘 높은 곳, 약 1천 킬로미터와 6만 킬로미터 상공에 있는 반 앨런 방사능 벨트가 지구 자력에 붙잡힌 우주 선들이 모여 있는 곳이야. 제임스 반 앨런 박사는 우주 선이 우주 공간에서 잡히는 곳이 있으리라 예측한 미국의 우주물리학자란다. 그의 예측은 1958년에 인공위성을 통해 확인되었어.

지구의 자력은 약 27억 년 전에 만들어졌다고 보고 있어. 지구 내부는 전부 고체가 아니라 액체인 부분도 있단다. 현대 지구물리학은 지구가 자전하면서 액체인 부분과 고체인 부분의 회전 속도가 달라지고 그 차이 때문에 자력이 생긴다고 설명하지.

# 옛날 바다는 얼마나 짰을까?

예전에는 바닷물 속에 녹아 있는 염분, 말하자면 소금 성분들이 바위에서 녹아들어가 바닷물이 점점 짜지기 시작했다고 간단하게 생각했단다.

그러나 최근에 옛날 바다의 염분이 지금 바다 염분의 1.5~2배 정도로 높았다는 주장이 새로 나왔단다. 그 주장에 따르면 대륙이 만들어지고 염분이 암염으로 육상에 모이면서 염분이 낮아지기 시작했어. 실제 지금 땅 위에 있는 암염의 대부분이 고생대 이후에 만들어졌단다. 곧 그 전에는 훗날 암염이 될 소금이 물에 녹아 있었던 거야. 그러므로 그만큼 바닷물이 더 짰던 거야. 게다가 현재 땅 위에 있는 암염이 전부 바닷물에 녹는다면 바닷물이 지금보다 30퍼센트 정도 더 짜진다는 계산이 나와.

그 결과 아주 옛날의 바다는 대단히 짜서 생물들이 크게 발전하지 못한 것으로 보여. 바닷물이 짜고 온도가 높으면 산소가 많이 녹을 수 없거든. 물속에 산소가 적으면 생물들이 잘 살지도 못하고 많아지지도 못해. 마침내 염분이 낮아지고 물속에 산소가 많아지면서 지금부터 약 12억~10억 년 전 사이에 세포가 많은 생물(다세포 생물)들이 제대로 나타나기 시작했던 것 같아.

# 3. 동물의 등장

## 광합성, 산소, 그리고 다세포 생물

고생대가 시작되기 전에, 위에서 말한 남세균처럼 산소를 만드는 원시 식물들과 원시 미생물이 많이 나타났어. 그들은 공기와 바닷물 속에 많은 이산화탄소를 이용해 광합성을 시작하면서 산소를 만들었어. 또 최초의 생물들은 강한 자외선을 피해 바닷물 속에서 나타나 산소 없이 살았어. 실제 물속 10미터 정도 아래에서는 자외선의 피해를 입지 않는다고 해.

산소는 바닷물에 충분하게 녹은 다음 공기 중으로 모이기 시작했단다. 이때가 약 24억 년 전으로, 과학자들은 산소가 이때부터 공기 중에 있었다고 생각한단다. 미생물과 식물이 지구에 있는 모든 생물들 가운데 가장 먼저 나왔다는 것을 생각하면 미생

에디아카라 동물군 화석의 하나. 약 6억 1천만 년 전에 나타났다가 5억 4,200만 년 전에 사라진. 지구역사상 최초의 다세포 동물 에디아카라 동물군은 후손을 남기지 않았다.

물과 식물은 지구의 생물체 전체의 조상인 셈이야. 그렇지?

바닷물 속에 상당한 산소가 모이기 시작하자 산소가 있어야 살 수 있는 다세포 식물과 동물이 늦어도 6억 1천만 년 전에는 바닷물 속에 많이 나타나기 시작했어.

오스트레일리아에서 발견된 에디아카라 동물군 화석이 그거야. 세포가 많은 이 다세포 동물들 화석은 아주 이상한 모양으로, 보통 크고 둥글거나 큰 나뭇잎 같거나 길쭉하단다. 이 화석들은 오늘날 비슷한 종도 있으며 전혀 친척이 없는 동물도 있었어. 또 학자들에 따라 설명도 다르단다. 예컨대, 동심원 모양으로 둥글게 보이는 화석을 해파리로 해석하는 학자도 있고 그렇지 않다는 주장도 있어. 바다조름 비슷한 화석도 있으며 그 사이를 헤엄쳤던 해파리도 있었다고 상상돼. 이 동물들의 껍질은 바닷물 속에 석회분이 충분하지 않아 단단하지 않았지. 참, 에디아카라 동물군이 식물과 동물의 중간이라고 주장하는 사람도 있단다.

## 클라우디나를 소개합니다

고생대가 시작되기 직전에 색다른 동물이 나타났어. 탄산칼슘으로 단단하고 길쭉하고 속이 빈 구멍을 만들어 살았던 클라우디나라는 동물이란다. 또한 그 동물의 껍데기에 작은 구멍이 있는 것을 보면 그런 동물을 잡아먹고 살았던 동물도 나타났던 것 같아. 그런 것으로 보아, 동물들은 이때부터 먹고 먹히기 시작했던 것으로 보여. 남아프리카와 러시아 북서쪽 백해 해안에서도 이때의 화석이 상당히 나온단다.

바닷물에서 나온 산소가 공기 중에 모이기 시작했다는 것은 위에서 말했어. 또 땅 위로 올라온 원시식물들

에디아카라 후기에 살았던 바다생물인 클라우디아의 몸체는 탄산칼슘 껍데기로 되어 있다.

이 탄소동화작용 식물이 공기 중의 이산화탄소와 뿌리에서 흡수한 물로 잎의 엽록체 안에서 빛 에너지를 이용하여 탄수화물을 만드는 작용을 하면서 부산물로 산소를 만들면서 공기 중에는 산소가 늘어나기 시작했단다. 그 결과 24억 년 전에는 산소가 공기 중에 0.2퍼센트 정도 생겼단다. 산소가 너무 적어 단세포 식물은 살 수 있어도 세포가 많은 동물은 생길 수가 없었단다. 그래도 약 10억 년 전에는 산소가 상당히 많아지고 이산화탄소는 줄어들기 시작했어. 산소는 계속 늘어나긴 했지만 6억 년 전에는 오늘날 공기 중 산소의 2퍼센트 정도밖에 되지 않았단다.

# 4. 지구 위에 나타났던 생물은 몇 종일까?

지금까지 지구에는 얼마나 많은 종의 생물들이 나타났고, 살다가 죽었을까?

이 문제는 정확한 답은 없고, 추측만 할 수 있어. 이 문제를 답하려면 먼저 다음 3가지를 알아야 해.

1. 지구 역사에서 한 시대에 살았던 생물 종의 평균 숫자.
2. 그 모든 생물들이 살았던 평균 생존 기간.
3. 생물이 처음 지상에 나온 시간.

여기서 두 번째의 평균 생존 기간은 생물의 수명이 아니라 생물 한 종이 나타났다가 없어질 때까지 시간을 말해. 이들을 어느 정도 알면 사실에 상당히 가까운 추측을 할 수 있단다. 1950년대에 유명한 진화학자인 조지 게일로드 심슨 교수는 3가지 가정을 이렇게 해보았어.


1. 지구 역사에서 한 시대에 살았던 생물 종의 평균 숫자 : 최소 25만 ~100만 종

2. 그 모든 생물들이 살았던 평균 생존 기간 : 50만~500만 년

3. 생물이 처음 지상에 나온 시간 : 아주 늦게 나왔다면 10억 년 전, 아주 빨리 나왔다면 20억 년 전


이렇게 해서 계산해보았더니 지구에 나타났던 모든 생물의 종은 최소 5천만 종에서 최대 40억 종, 더욱 정확하게는 5억 종이라는 답이 나왔단다.

새롭게 추측할 수도 있단다. 예컨대, 생물체는 적어도 35억 년 전에는 확실히 나왔다고 보아도 돼. 첫 번째와 두 번째 가정은 심슨 교수를 따르고, 세 번째의 시기는 위에서 말한 새로운 시기를 가지고 지구에 있었던 생물체의 종의 수를 계산해 보면 최소 1억 7,500만 종에서 최대 77억 4천만 종 정도가 나온단다.

물론 위의 계산은 여러 가지를 가정하고 계산한 값이야. 그러므로 그 가정에 따라 크게 변할 수 있어. 현재 알려지기로는 지구 위에 적어도 175만~200만 종의 생물이 알려져, 지구 역사상 어느 때보다도 많은 종의 생물이 있단다. 그러나 아직도 알려지지 않은 생물들이 많아. 그 가운데 박테리아처럼 아주 작은 생물은 거

의 알려지지 않았다고 말하는 것이 옳을 거야. 그러므로 현재의 생물종은 1천만 종 이상 2천만 종 또는 3천만 종이 될 수 있어. 실제로 하버드 대학 교수이자 개미박사인 에드워드 윌슨 교수는 생물이 적어도 3천만 종은 된다고 말해. 적어도 이 정도니까, 사실은 더 된다는 말이란다.

그렇다면 어느 지질시대에 생존했던 생물의 평균 종의 수가 위의 값보다는 훨씬 커져. 그러면 당연히 전체 종의 수도 많아져. 또 옛날에 있었던 대륙과 바다의 기후와 그 변화가 제대로 알려지지 않았단다. 그런 것들이 알려지면 좀 더 나은 추측을 할 수 있을 거야.

현재 알려지기로는 6억 년 전 이후 지상에는 약 9억 8천만 종의 생물이 있었어. 그러나 화석으로 발견된 종은 약 13만 종밖에 안 된단다.

# 2장.

# 고생대

## - 무척추 동물이 나타났어

| | | |
|---|---|---|
| 캄브리아기 | : | 5억 4,200만 년 전 ~ 4억 8,830만 년 전 |
| 오르도비스기 | : | 4억 8,830만 년 전 ~ 4억 4,370만 년 전 |
| 실루리아기 | : | 4억 4,370만 년 전 ~ 4억 1,600만 년 전 |
| 데본기 | : | 4억 1,600만 년 전 ~ 3억 5,920만 년 전 |
| 석탄기 | : | 3억 5,920만 년 전 ~ 2억 9,900만 년 전 |
| 페름기 | : | 2억 9,900만 년 전 ~ 2억 5,100만 년 전 |

고생대는 지금부터 5억 4,200만 년 전에 시작되어 2억 5,100만 년 전까지 계속되었단다. 고생대에 들어서면서 생물들이 갑자기 많아져. 물론 물고기와 양서류 같은 척추동물과 곤충과 식물도 있었지만, 뭐라 해도 고생대를 대표하는 생물은 척추가 없는 동물, 즉 무척추동물이야. 고생대에 있던 상당수 고생물들은 고생대 말에는 거의 없어졌단다.

# 1. 갑자기 많아진 무척추동물

## 고생대 캄브리아기에 무슨 일이?

지금부터 5억 4,200만 년 전 고생대 캄브리아기로 들어가면서 바닷물의 염분이 낮아지고 산소가 많아지자 생물들이 살기에 좋아지면서 생물들이 갑자기 나타났어. 이때 땅바닥을 처음 파고 들어갔던 동물인 파이코데스 페둠이 흔적 화석을 남겼고 이때를 캄브리아기의 시작이라고 생각해. 그러나 캄브리아기 최초 2천만 년 동안의 생물은 거의 알려지지 않았단다.

캄브리아기가 시작된 지 2천만 년 정도 지나서 동물들이 갑자기 많이 나타났단다(그러나 보통 고생대 초기 약 4천만 년 동안에 많은 종의 동물들이 나타났다고 말한단다). 우리가 아는 대부분의 고생대 동물들은 이때 나왔어. 삼엽충부터 해면과 완족동물에 이르기까지 모두 물속에서 살았던 동물들이야.

고생대 초기에 나타난 동물들은 대부분 몸이 아주 섬세하고 부드러운 무척추동물들이라 화석으로 거의 나오지 않아. 그러나 특별한 곳에서는 화석이 된단다. 캐나다와 중국이 그런 곳이야. 캐나다에서 먼저 발견되었지만, 시대는 중국 화석보다 약간 늦단다.

## 청장 화석과 버지스 세일 화석의 비밀

1984년에 발견된 중국 윈난 성 쿤밍 부근의 청장(澄江) 동물 화석은 고생대 초기 화석에서도 아주 이른 편에 들어가. 약 5억 2천만 년 전에서 500만 년 동안 살았던 동물들 화석이거든. 여기에는 해파리와 해면동물, 환형동물, 완족동물, 절지동물을 포함해 80종이 넘는 아주 신기한 무척추동물 화석들이 있단다. 청장에서는 태충류모여서 살아 나뭇가지나 이끼처럼 갈라지거나 다른 물체를 덮어 이끼처럼 보이는 동물의 한 부류를 빼고는 고생대 동물들이 거의 다 나왔단다. 심지어 아주 보존이 잘 되어 있어 깜짝 놀랄 정도야. 예를 들면, 해파리 화석은 해파리의 가늘고 긴 촉수 하나하나를 구별할 수 있고 섬세한 구조와 근육도 알아볼 수 있을 정도니까 말이야.

청장에서는 놀랍게도 물고기 화석이 2개나 나왔단다. 길이 3센티미터가 안 될 정도로 작지만 앞쪽이 약간 크고 유선형에, 가운데 척추를 나타내는 선이 지나가고 옆으로는 가는 선들이 대칭인 게, 마치 갈비뼈가 있는 것처럼 보여. 물론 그때는 뼈가 있는 동물은 아직 없었단다. 자세히 보면 등지느러미와 배지느러미가 보이고 비늘은 없단다.

중국의 청장보다 1,500만 년~1천만 년 정도 늦은 캐나다 버지스의 셰일퇴적암 중 입자의 크기가 62.5마이크로미터보다 작고, 층과 평행하게 벗겨지는 암석에서 나온 화석은 20세기 초에 발견돼 많이 연구되었단다. 여기서 나오는 주인공들은 대부분 껍데기가 그렇게 단단하지 않은 동물들이란다. 주로 절지동물(삼엽충, 갑각류, 전갈과 곤충 계통), 해면, 해백합, 연체동물, 벌레들이야.

그 가운데는 오늘날에는 비슷한 동물이 없는 동물들도 있어. 예를 들면, 몸의 크기가 50~90센티미터나 되는 아노말로카리스, 온몸이 비늘로 덮이고 등에 긴 가시가 난 위왁시아, 귀뚜라미처럼 보이지만 몸이 2층이고 몸 마디와 다리가 아주 많은 마렐라와 우렁쉥이처럼 보이는 오토이아와 새우와 가재를 섞은 왑티아, 등에 가시가 돋은 할루시게니아 같은 동물들이란다.

버지스 셰일에서는 지금까지 약 6만 점의 화석이 채집되었고 상당히 자세하게 연구되었단다. 이 동물들은 얕고 따뜻한 바다의 진흙 바닥 표면을 기어 다니거나 구멍을 파고 들어가 몸을 반쯤 내놓거나 헤엄치면서 살았다는 것도 알게 되었어. 거의 모두 크기가 작았지만 아주 큰 놈도 있어서 작은 것들을 잡아먹었어. 그걸 어떻게 아느냐고? 큰 놈의 몸속에 작은 놈이 든 채 화석이

고생대 생물인 위왁시아와 위왁시아 복원 사진(맨 위), 그리고 마렐라 화석(위). 위왁시아는 둥근 몸체에 길고 부드러운 가시로 덮인 바다동물이었고, 마렐라는 몸이 2층이고 몸 마디와 다리가 많은 생물이었다.

된 것이 발견되었거든. 작은 놈이 소화되기 전에 큰 놈이 죽어 화석이 되었던 거야.

청장과 버지스 셰일에서 나오는 화석들을 보면 고생대 캄브리아기 초기인 약 5억 2천만 년 전부터 2천만 년 동안에 갑자기 생물이 많아졌다는 것을 알 수 있단다. 동물들의 종도 많아졌고 상당히 진화했어. 그렇게 여러 가지 동물들이 그렇게 빨리 발달한 사실을 가리켜 '캄브리아기 큰 번성'이라고 한단다.

이 화석들의 상당 부분은 껍데기가 단단했어. 육지에서 녹아 들어간 석회분으로 껍데기를 만들었던 거야. 이는 적에게 쉽게 먹히지 않겠다는 뜻으로, 달리 말하면 다른 동물을 잡아먹는 동

고생대에 살았던 절지동물의 하나로 추정되는 아노말로카리스는 크기가 최대 1미터에 이르고 바닷속을 헤엄치면서 다른 동물들을 잡아먹었다. 아래는 아노말로카리스의 팔 화석의 아주 작은 일부이고 왼쪽은 전체 복원 사진이다.

물이 나타났다는 뜻도 되지. 예를 들어, 버지스 셰일에서 나온, 머리 가운데에 난 하나의 기다란 팔 같은 기관으로 먹이를 움켜쥐었던 눈이 5개인 오파비니아와 헤엄을 치며 폭군처럼 행세했던 아노말로카리스와 라가니아가 대표야. 그러므로 그때부터 이미 동물들 사이에서 먹고 먹히는 약육강식과 생존 경쟁이 시작된 것을 알 수 있어.

버지스 셰일에 있는 동물들은 신기하게도 거의 후손을 남기지 않았단다. 요즘 동물과 비슷한 동물도 있지만 대부분은 어디 속하는지 모를 동물이기 때문이야. 곧 자기네만 살다가 없어졌어.

그래도 후손을 남겨 지금까지 잘 발달한 종의 조상이 있어. 바로 피카이아라는 초기 척추동물이란다. 피카이아는 달팽이처럼 머리 양쪽에 뿔(사실은 감각기관)이 달려 있고 몸이 길고 미끈한 벌레나 달팽이처럼 보여.

크기가 몇 센티미터인 피카이아를 잘 보면 척추가 되었으리라 생각되는 부분이 몸 뒤 가운데에 길게 보인단다. 그 부분을 중심으로 양쪽으로 아주 얕은 골이 보이고 좌우 대칭이 되어 가운데 부분이 몸의 중심이자 척추라 생각돼.

청장에서 원시물고기 화석이 발견되기 전에는, 피카이아가 맨 먼저 나온 척추동물 가운데 하나라고 생각했단다. 그러나 원시물고기이긴 하지만 청장 물고기는 피카이아보다 더 발달한 척추동물이야. 그러므로 척추동물의 가장 오래된 조상 가운데에는 청장 물고기를 빠뜨릴 수 없어. 한편 청장에서도 피카이아 비슷한 동물이 나왔단다.

그런데 청장이나 버지스 셰일의 동물 화석들은 필름 같은 아주 얇은 막으로 발견된단다. 원래 몸이 그렇게 얇은 생물일까?

아니, 그렇지는 않아. 원래 몸은 퉁퉁하거나 둥글거나 두툼한 입체야. 단지 화석이 되면서 위에 쌓인 진흙에 눌려서 종잇장처럼 얇아졌을 따름이야. 주인공의 몸은 단단했으나 위에 쌓인 물질이 워낙 무거워서 납작하게 눌린 거지. 위에서 말한 아노말로카리스, 할루시게니아, 위왁시아, 마렐라와 오토이아와 왑티아를 비롯한 모든 화석이 얇은 필름으로 나와.

최근 영국 캠브리지 대학교 고생물학자들은 얇게 눌린 화석들을 컴퓨터를 이용해 입체로 복원하는 기술을 개발했단다. 화석을 여러 방향에서 사진을 찍고 각 부분의 크기와 각도를 재고 기능을 파악했어. 그런 다음 그것을 바탕으로 생물체가 살아 있었을 때를 상상해, 눌린 껍데기들을 펴고 몸을 늘여서 실제 모습과 비슷하게 만들었어. 대단한 실력이야!


## 삼엽충, 암모나이트, 산호의 시대

고생대는 절지동물, 완족동물과 극피동물, 그리고 연체동물, 산호 등이 발전한 시대야. 하나씩 살펴보자.

과학백과

# 오르도비스기 생물 대번성

고생대 캄브리아기가 시작되면서 지상에는 생물이 갑자기 많아졌어. 그러나 지상에 생물이 정말 많이 나타난 것은 4억 8,830만 년 전 오르도비스기가 시작하면서란다. 그때 생물이 갑자기 많이 나타난 것을 지질학에서는 '오르도비스기 생물 대번성'이라고 불러. 이때 물에 떠서 사는 동물인 필석류와 두족류가 번성했으며 삼엽충과 완족류도 새로운 종이 많이 나타났어. 필석류란 길이가 몇 센티미터인 긴 풀잎처럼 생긴 동물이야. 풀잎 같은 몸은 사실은 작은 부분들이 모인 것으로, 작은 부분 끝 하나하나가 마치 연필로 뾰족뾰족하게 그은 것처럼 보여서 필석이라는 이름을 얻었단다.

캄브리아기는 그 전에는 워낙 생물이 없던 지구 위에 갑자기 생물이 나타났다는 점에서 중요해. 오르도비스기에는 어느 정도 있던 생물들이 갑자기 많아졌어. 생물 부류는 중생대 후기가 되어서야 이때보다 많아졌단다.

고생대의 바다에서 살았던 필석류는 컵이나 튜브 모양이며 종마다 특징이 있어 좋은 표준화석이다.

고생대 바다에서 살았던 삼엽충은
종마다 특징이 있어 고생대의 아주
좋은 표준화석이다.

### 절지동물

먼저 절지동물은 고생대 초에 크게 발전한 동물 가운데 하나
야. 절지동물(節肢動物)이란 다리와 발에 마디가 있는 동물을 말
해. 게와 곤충, 전갈, 거미, 지네, 노래기 따위가 절지동물이란다.
절지동물은 물속에서 사는 종도 있지만 대부분은 땅 위에서 살
고 있어.

게나 새우, 가재는 절지동물이면서도 껍데기가 단단해서 갑각
동물이라고 부른단다. 갑각동물의 단단한 껍데기는 적의 공격
에 견디려고 만들어낸 장치야. 껍데기의 주성분은 키틴질로 오
징어 부리와 같은 성분이란다.

갑각동물 가운데 맨 먼저 나온 건 뭘까? 답은 삼엽충이야. 삼
엽충은 고생대 초에 등장하지. 삼엽충은 맨 먼저 등장한 절지동
물이자 갑각동물 가운데 하나란다. 삼엽충은 캄브리아기 초기
에 지상에 나와 후기에 크게 번성했다가 고생대 말에 완전히 없

어져서 지금은 단 한 종도 없어. 화석을 통해서 그들이 살았던 모습을 상상해볼 수 있을 뿐이야.

껍데기가 뜯겨나간 채 화석이 된 삼엽충도 있고 그런 상처가 아문 것도 있어. 삼엽충은 적을 만나면 몸을 둥글게 말아서 적의 공격을 피했단다. 삼엽충 가운데 암컷은 알을 머리 아래쪽에 가지고 다녔던 종도 있었던 것 같아. 삼엽충 새끼는 어미보다 크기는 아주 작지만 머리와 가슴과 꼬리의 모양을 가지고 있어 삼엽충 새끼라는 것을 알 수 있단다.

### 완족동물

완족동물이란 조개처럼 2개의 껍데기에 싸여 있지만 몸속에 철사 같은 조직이 있어서 조개와는 다른 동물이야. 완족동물은 한자리에 붙어서 살았던 동물이란다. 껍데기를 옆에서 보면 마치 옛날 등잔처럼 보여서 '등잔조개'라고도 불러. 완족동물은 고생대 초에 나타나 크게 발달했지만 고생대 말에 거의 멸종했어. 그러나 몇 종은 살아남았고 그 가운데 한 종은 지금까지 모양이 거의 변하지 않은 채 살아 있어. 그 완족동물은 '가장 오래 살아 있는 화석'이야.

### 극피동물

바닷가에서 밤송이 같은 성게나 별처럼 생긴 불가사리를 본 적이 있지? 성게나 불가사리는 위에서 보면 오각형이나 팔이 5개

이고 아래에서 보면 좌우 대칭이란다. 그러나 성게나 불가사리 껍데기에는 가시가 나 있어서 극피동물이라고 불러. 극피동물의 특징 가운데 하나는 많은 관이 있다는 거야. 이 관으로 물을 빨아들여 숨도 쉬고 발 대신 움직여 가기도 해. 극피동물은 모두 바다의 바닥에서만 살며 바닥에 붙어서 살거나 움직인단다. 해삼은 성게와는 생김새는 완전히 다르지만 같은 극피동물이란다.

극피동물은 고생대 초기 바다에 많았단다. 그 가운데 하나인 해백합은 가늘고 긴 줄기 위에 달린 꽃처럼 보인단다. 그래서 해백합, 곧 '바다의 백합'이라는 이름을 얻었어. 식물의 줄기처럼 보이는 긴 부분은 사실 1개가 아니라 동그란 반지 같은 것들이 연결된 거야. 이 계통의 동물들은 고생대 끝에 거의 없어졌지만 몇 종은 지금까지 살아 있단다.

### 연체동물

껍데기 2개가 꽉 붙어 있는 조개를 유심히 들여다 본 적이 있어? 조개는 얼굴도 없고 뼈도 없고 단지 단단한 껍데기와 부드러운 살밖에 없는 것처럼 보여. 조개는 우리 주위에서 가장 쉽게 볼 수 있는 연체동물 가운데 한 종이란다. 연체동물이란 글자 그대로 몸이 연한 동물, 바로 조개, 굴, 오징어, 문어 같은 동물들을 말하며 고생대 캄브리아기에 나타났어.

연체동물 가운데 가장 먼저 나온 연체동물은 두족류라고 해

고생대 바다생물인 해백합은 한 떨기 꽃처럼 아름답지만 식물이 아니라 극피동물이며 바닷물에 떠다니는 먹이를 걸러먹고 산다. 사진 위는 해백합 화석이고 왼쪽은 멕시코 만의 해백합.

서 오징어나 문어같이 발이 머리에 붙어 있는 종들이란다. 발이 머리에 붙어 있다니 이상하게 들리지만, 오징어나 문어는 분명히 머리에 발이 있어.

처음 나온 두족류는 길고 둥근 껍데기 속에 몸을 숨기고 살았어. 껍데기의 큰 쪽에 오징어다리 같은 촉수들과 눈과 입이 있는 그 연체동물들은 바닥을 기어 다니며 다른 연체동물들이랑 무척추동물이나 원시물고기를 잡아먹었어. 오르도비스기4억 8,830만 년 전~4억4,370만 년 전의 두족류는 몸집이 아주 커져서 큰쪽 껍데기의 지름이 25센티미터에 길이가 5미터나 되는 길고 가는 막대기 같

시계태엽처럼 안쪽으로 감기면서 방이 일정하게 작아지는 암모나이트의 모습은 아주 아름답다. 암모나이트의 몸속 많은 방들은 질소 가스와 액체를 저장하던 저장탱크 구실을 했다. 고생대 생물인 두족류는 몸속에 질소 가소를 만들어 바닷물 속을 오르락내리락하면서 살았다.

## 문어와 오징어와 낙지는

고생대에 살아 있던 곧은 두족류가 진화하면서 단단한 껍데기를 벗어버린 동물이 문어이고 껍데기 흔적이 몸속에 남아 있는 동물이 오징어야. 한편 껍데기를 하나만 가지고 있는 연체동물 가운데 대표는 전복이야. 오징어나 문어, 낙지는 왜 단단한 껍데기를 벗어버렸을까?

이 두족류는 껍데기를 벗어버린 대신, 몸의 색깔을 마음대로 바꾸고 먹물을 뿜고 헤엄을 치는 기술을 발달시켜 껍데기 없이도 살아갈 수단을 만들었던 거야. 먹물의 성분은 아미노산과 효소와 냄새를 내는 성분으로 연막을 만들고 동물의 감각기관을 마비시킨단다. 그러므로 오징어나 문어를 따라오던 천적이 먹물을 뒤집어쓰면 잠시 정신을 잃어. 한편 문어의 빨판은 아주 강해서 자기 몸무게의 15배를 들어올려. 반면 위장이나 먹물이나 변색 기술이 없이 옛날 모습 그대로 살고 있는 두족류가 지금 열대바다에 살고 있는 앵무조개(노틸러스)야.

따뜻한 바다에서 사는 앵무조개는 가운데 작은 방을 중심으로 방이 감기면서 커진다.

았단다. 그런 두족류들은 유난히 긴 원추형 껍데기를 화석으로 남겼단다. 오늘날의 오징어처럼 바닷속을 둥둥 떠다니면서 살았던 두족류도 간혹 있었던 것 같아.

몸이 곧은 연체동물의 일부는 고생대 실루리아기4억 4,370만 년 전 ~4억 1,600만 년 전를 지나고 3억 9천만 년 전 데본기4억 1,600만 년 전~3억 5,920만 년 전에 들어 몸이 서서히 감기기 시작하면서 물에 떠올라서 살기 시작했던 것으로 보여. 몸속에 몸을 뜨게 하는 구조가 생기기 시작한 거야. 어떻게 떴을까?

두족류는 몸속에 질소 가스를 만들어 물속을 오르락내리락하기 시작했어. 실제로 앵무조개와 암모나이트의 몸속 많은 방들은 사실은 질소 가스와 액체의 저장탱크야. 또 암모나이트들은 물속을 헤엄치기 시작하면서 동작도 점점 빨라지기 시작했다고 봐야지.

고생대가 거의 끝나갈 때쯤에는 아주 잘 감긴 암모나이트들이 나타났단다. 바깥의 방이 아주 크지만 시계 태엽처럼 안쪽으로 감기면서 방이 일정하게 작아지는 모양이 아주 신기해. 고생대 시절의 두족류 봉합선은 아주 단순했지만 점점 복잡해졌단다. 봉합선이란 암모나이트 속의 방이 결합하면서 방과 방 사이에 생긴 선이야.

### 산호

나뭇가지처럼 보이는 산호는 식물일까 동물일까? 나뭇가지처

© Tomo.Yun (www.yunphoto.net/ko/)
바다의 바닥에 붙어서 사는 산호는 마치 식물처럼 보이지만, 몸의 가운데가 간단한 강장동물이다. 산호 역시 일찌감치 지구 역사에 등장한 동물이다. 사진은 벌집산호 화석.

럼 보이지만 산호는 강장동물이라는 동물이란다. 산호는 혼자 살기도 하고 모여서 덩어리를 만들어 살기도 해. 산호도 지구 역사에서 빨리 등장하지. 고생대 초기에 벌써 나왔단다. 그 산호를 사사산호라고 불러. 사사산호란 산호의 몸이 4의 배수로 늘어가는 산호를 말해.

또한 오르도비스기에는 판상산호도 나타나 발달했단다. 판상산호는 모여서 덩어리로 살았으며 몸속에 벽이 거의 없는 산호를 말해. 이 산호들은 고생대 말에 없어졌어. 반면 중생대 초에 나온 육사산호는 오늘날까지 살아 있단다. 육사산호는 뭘까? 그래, 맞아. 육사산호라는 이름으로 보면 산호의 몸이 6의 배수로 늘어나겠지?

산호는 대개 따뜻하고 얕고 깨끗한 물속에서 살면서 산호초를 만들어. 산호의 몸은 탄산칼슘 성분으로 되어 있으며 빈틈이 많단다. 그러므로 산호가 죽으면 껍데기는 녹아서 쉽게 부스러져 모래와 흙이 돼. 태평양이나 인도양이나 대서양에 있는 산호초들은 모두 부스러진 산호 껍데기로 되어 있단다.

산호초는 물고기와 연체동물처럼 그 일대에서 살고 있는 거의 모든 동물들의 먹이사냥터도 되고 쉬고 숨을 곳도 되어 열대 지방의 숲이나 마찬가지란다. 울긋불긋한 아름다운 물고기들에 말미잘에 게와 새우와 무서운 상어에 오징어에 문어에 해마에 해파리에 없는 것이 없을 정도로 많은 동물들이 산호초에 모여 들어. 옛날 산호초도 비슷했다고 상상돼.

산호초는 물고기와 연체동물 등 거의 모든 바다 동물들의 먹이사냥터도 되고 보호처 역할도 하는 바다의 숲이다. © Tomo.Yun (www.yunphoto.net/ko/)

# 2. 오존층이 생겨나더니

## 식물이 땅 위로 올라왔어

산소는 바닷물에 많이 녹자 공기 중으로 솟아오른 뒤 지상 25~30킬로미터에 모여서 오존층이 되었단다. 그 오존층이 자외선을 막아주자 물속에 있던 생물들이 늪지와 물가로 기어오르기 시작했어. 그 가운데 약 4억 7천만 년 전인 오르도비스기 중기에 우산이끼가 생물 가운데 맨 먼저 올라오기 시작했

쿡소니아는 고생대 실루리아기 중기부터 데본기 초기에 걸쳐 생장했던 초기의 육상식물로 수분이 올라가는 맥관이 생기기 시작한 식물이다.

던 것으로 보여. 우산이끼는 작고 뿌리가 없지만 물가 생활에 가장 먼저 적응했다고 믿어져. 붕어마름도 아주 일찍 올라온 식물이란다.

식물은 실루리아기 중엽에 나타난 쿡소니아에 이어 지금부터 약 4억 1천만 년 전인 고생대 데본기 초기에는 확실히 땅으로 올라왔단다. 스코틀랜드와 오스트레일리아의 당시 지층에서 식물의 작은 줄기와 잎 화석이 발견되었기 때문이야. 원시 양치식물인 그 식물은 뿌리도 아주 작았고 잎다운 잎도 거의 없었고 줄기도 아주 단순했어. 그래도 크기는 작지 않아 키가 60센티미터 정도였으며 줄기는 곧게 뻗었단다.

물은 모든 생물에게 없어서는 안 되지. 그래서 식물도 수분이 몸 밖으로 증발하지 못하도록 왁스질의 두툼한 껍데기를 갖게

되었어. 이 껍데기 덕분에 수분이 식물 몸 안에 갇히게 되었고 이 산화탄소를 받아들여 햇빛을 이용해 광합성을 해 당분을 만들기 시작했단다. 큰 양치식물은 하루에 5리터의 이산화탄소를 받아들여.

식물은 숨을 쉬면서 이산화탄소를 받아들이고 산소를 내보내려고 공기구멍, 바로 일종의 '코'를 잎의 아랫면에 만들어냈어. 식물의 '코'가 열려서 이산화탄소가 들어오고 산소가 나간단다. 그러나 몸속의 물은 나가지 못해. 한편 산소가 공기 중으로 나가면서 대기 중에는 산소가 많아지기 시작했어.

또 식물은 땅 위에 바로 서기 위해서 몸에 질긴 나무질 섬유를 만들었단다. 이 섬유들이 모여서 나무 몸통과 가지가 되었어. 이렇게 해서 식물은 땅 위에 서 있을 수 있게 되었어.

식물은 동물보다 먼저 나타났고, 동물보다 먼저 물가로 올라왔단다.


## 동물도 땅 위로 올라왔어

오존층이 자외선을 막아주고 화산이 공급한 수증기가 공기 속에 모이면서 습도도 높아지고 온실 효과가 생겼단다. 그에 따라 지구 표면의 온도가 올라가 생물들이 살기에 좋아지기 시작했단다.

식물에 이어 동물들도 물 밖으로 기어오르기 시작했어. 동물 가운데 물 밖으로 가장 먼저 나온 동물은 절지동물이야. 참, 삼엽충은 절지동물이지만 계속 바닷물 속에서만 살았단다.

절지동물은 늪지에 있는 풀을 먹으려고 물 밖으로 나왔어. 땅 위로 올라오기 전 약 2억 년 동안 물속에서 살았던 절지동물은 그동안 상당히 단단한 껍데기로 몸을 둘러쌌단다. 이 단단한 껍데기는 뭍으로 올라왔을 때 몸속의 수분을 보존하는 일을 했어. 또 껍데기가 몸을 유지할 정도로 단단해서 절지동물들은 땅 위에서 움직일 수 있었단다. 또 물속에서는 아가미로 숨을 쉬었던 절지동물이 땅 위에서 숨을 쉬려고 숨구멍이 몸에 생겼어.

땅 위에 나온 최초의 절지동물은 거미 비슷한 삼각거미와 지금도 볼 수 있는 발이 아주 많은 노래기와 지네로 생각돼. 삼각거미의 크기는 1~14밀리미터로 작았지만, 5쌍의 다리와 몸에는 가시가 나 있고 독니가 있어 무서웠단다. 삼각거미는 거미와 달리 거미줄은 치지 않았어. 삼각거미는 땅 위에 가장 먼저 나타난 고기를 먹는 동물이야. 삼각거미는 4억 3천만 년 전에 나타나 2억 5천만 년 전에 멸종했어. 노래기와 지네는 삼각거미보다 조금 늦게 나왔단다.

시간이 가면서 절지동물이 공기를 마시며 살도록 몸의 구조가 바뀌어 몸이 땅 위에서 살기 좋게 되었을 거야. 몸통도 세 부분으로 나뉘고 다리도 6개가 된 거야. 또 피부로 숨을 쉬기 시작해 곤충과 비슷하게 발달하기 시작했단다. 곤충은 숨구멍으로 숨도

오스트레일리아에 많은 삼각형 모양의 거미인 삼각거미는 풀잎이나 고사리 잎 뒤에 숨어 있다가 먹이를 움켜잡는다.

쉬지만 숨구멍을 닫아 몸속의 수분을 보호하기도 한단다.

곤충은 약 4억 2천만 년 전에 나타난 것으로 보여. 이 곤충은 몸마디와 다리 숫자가 적어진 노래기로 보여. 노래기가 몸마디가 적어지고 다리가 적어진다면 곤충이 될 수 있을 거야.

마침내 데본기 중기인 3억 8천만 년 전에 확실한 곤충이 나왔어. 이 최초의 곤충은 날개가 없어 날지는 못했단다. 이 곤충들은 당시 늪지의 숲에서 발전했던 것 같아. 그때만 해도 곤충의 천적은 삼각거미 말고는 없었지. 그러나 거미가 날지 못하는 곤충 다음으로 약 3억 8천만 년 전에 땅 위에 나타났고 전갈이 그보다 2천만 년 늦게 땅 위로 올라오면서 곤충은 새로운 적들을 만났어

(개구리나 새 같은 곤충의 천적은 훨씬 뒤에 등장해).

마침내 석탄기3억 5,900만 년 전~2억 9,900만 년 전에 들어선 3억 3천만 년 전, 처음으로 날개가 있는 곤충들이 나타났단다. 잠자리와 바퀴도 이때 나타났어. 석탄기에는 큰 곤충이 많아져서 1미터 정도의 커다란 잠자리와 30센티미터나 되는 진딧물도 있었어. 그렇게 거대한 잠자리나 진딧물은 상상만 해도 무섭지 않아? 이렇게 아주 큰 곤충이 생기게 된 이유는 공기 중에 산소가 많아졌기 때문이야. 한 마디로 곤충이 살기 아주 좋은 환경이 된 거야.

날개가 있는 곤충들은 적이 나타나면 날아서 달아나, 중생대 트라이아스기2억 5,100만 년 전~ 1억 9,960만 년 전에 익룡이 나올 때까지는 전갈과 거미를 빼고는 천적이 거의 없을 정도였단다. 곤충은 또 땅속으로 파고 들어가 적으로부터 피했어.

곤충은 사막에서 북극의 눈 덮인 산꼭대기까지 있으며 공중을 날 수 있고 물속과 땅속에서도 살 수 있어. 말하자면 지구상의 거의 모든 환경에서 살아갈 수 있단다. 그러나 곤충이 크게 발전할 수 있었던 이유는 2가지야.

첫째는 강한 번식력이란다. 예를 들면, 바퀴벌레 한 쌍은 1년에 부엌을 새까맣게 덮을 정도로 많은 숫자로 번식해.

두 번째는 타고난 적응력이야. 예를 들어, 곤충은 위장 능력이 탁월해서 몸 색깔이 주위의 색깔에 따라 재빨리 바뀐단다. 하얀 나방이라도 주위 환경이 검은 색이면 곧 갈색이나 흑색으로 변신해 버려.

곤충은 공중을 날 수 있었던 최초의 동물로 공중을 생활 무대로 발전시켰단다. 그러나 공중을 나는 데 필요한 날개가 땅 위에 내려서는 거추장스러운 것이 되자, 날개를 접을 수 있는 능력이 곤충에게 생겼단다. 날개를 접는 게 뭐 대단하냐구? 아니, 그건 대단한 능력이야. 날개를 접지 않았다면 살 수 없는 좁은 곳에서 살 수 있게 되었다는 점에서 아주 중요한 발전이지. 또 갑충들은 겉날개가 단단해져 속날개와 배를 보호하게 되었단다. 물론 날지 않아도 되는 곤충들의 날개는 퇴화해서 작아지기도 하고 없어지기도 했어. 대신 높이 튀어오르거나 재빨리 기어가거나 땅속을 파고 들어가면서 자신이 사는 환경에 적응했단다.

곤충은 몸집은 크지 않았지만 몸의 구조가 잘 발달되었단다. 예컨대, 땅 위에 가장 빨리 나타난 곤충의 하나인 잠자리는 날면

원시잠자리는 날개 사이가 70센티미터가 넘을 정도로 거대했다.

서 먹이를 잡아야 하므로 날개는 양력<sub></sub>유체 속을 운동하는 물체에 운동 방향과 수직 방향으로 위로 밀어 올리는 힘. 비행기는 날개에서 생기는 이 힘 때문에 공중을 날 수 있다을 많이 얻도록 튼튼했으며 눈은 모든 곳을 잘 볼 수 있도록 겹눈으로 발달하고 턱과 앞다리도 먹이를 쉽게 잡을 수 있도록 강해졌어. 크기도 엄청 커졌지. 지구상에 나타난 지 얼마 되지 않아 앞에서 말한 대로 1미터 정도로 커졌거든.

곤충은 1억 년 전부터 천적을 피하려고 위장하기 시작했으며 천적에게 이기려고 화학 무기 경쟁을 벌였단다. 몸이 작으니 정면을 싸우면 안 되잖아. 그중에서도 흰개미는 주로 화학 무기를 개발했다는 점에서 모든 곤충 가운데 가장 눈에 띄는 곤충이란다. 흰개미는 약 1억 5천만 년 전에 나타났으며 조상이 오늘날 보는 바퀴와 비슷한 곤충이었어. 흰개미에게는 처음에는 화학 무기가 없었지만 후에 만들어내었어.

# 바퀴벌레의 놀라운 생존법

바퀴벌레는 우리 주위에 아주 흔해. 바퀴벌레는, 앞에서 말했듯이 지금부터 약 3억 년 전인 고생대 석탄기에 지구에 나타나 지금까지 발달하고 있단다. 바퀴벌레는 어떻게 늘어날까?

우리가 흔히 볼 수 있는 집바퀴는 약간 독특한 방법을 쓴단다. 바퀴벌레 암컷은 배 뒤쪽에 달고 다니는 작은 새끼집에서 새끼 바퀴벌레들을 부화시켜. 어미 바퀴벌레는 때가 되면 새끼집을 평탄한 부엌 바닥이나 욕실 바닥 또는 책상 아래에 떨어뜨려. 10분쯤 지나서 새끼집 표면이 마르면서 가운데가 갈라지면 그 틈으로 새끼 바퀴벌레들이 나와. 새끼 바퀴벌레는 한 줄로 천천히 나오는 것이 아니라 한꺼번에 나오면서 나오는 즉시, 글자 그대로 '방사상으로', 바로 사방으로 재빠르게 흩어진단다. 이건 바퀴벌레의 천적인 사람이나 쥐에게 잡히지 않으려는 기술의 하나일 거야. 이 시간이 길수록 천적의 눈에 띄어 잡히거나 먹힐 가능성이 높아져. 또 새끼 바퀴벌레들은 눈만 검고 몸은 우유색이나 공기 중에서 곧 고동색으로 변해 보호색이 된단다.

바퀴벌레가 오래 살아남을 수 있는 또 하나의 방법은 어미가 달고 다니는 새끼집의 생김새와 표면의 특징이란다. 바퀴벌레 새끼집의 크기는 5x3x1.5밀리미터 정도로 바퀴벌레 새끼들이 차 있을 때는 통통해. 새끼 바퀴벌레가 들어있는 바퀴벌레 새끼집을 손으로 집어 본 적이 있어?

바퀴벌레 새끼집은 표면이 미끈미끈하고 모서리는 둥그스름해서 손으로 집기가 쉽지 않아. 바퀴벌레의 새끼집이 사람의 손가락에 잘 집히지 않는 것도 바퀴벌레가 사람한테 덜 잡히는 방법의 하나일 거야. 바퀴벌레의 천적인 쥐에게는 이런 것이 효과가 없겠지만 사람에게는 상당히 효과가 있을 게 분명해. 이는 아마 바퀴가 사람과 오래 살면서 사람에게 적응된 현상의 하나로 보여.

# 3. 척추동물 등장!

## 척추는 위대한 발명품

무척추동물만 있던 지구 위에 척추동물 조상이 처음 고생대 초기에 나타나면서 생물계에 큰 혁명이 일어났단다. 그러나 척추동물 조상의 척추는 우리가 생각하는 뼈로 된 단단한 척추가 아니야. 위에서 말한 피카이아처럼 그냥 등 쪽이 좌우 대칭이 되거나 끈이나 근육이나 막대기가 등 쪽 가운데를 지나갔단다. 그런 초기의 척추가 발달해 지금 척추처럼 된 거야. 우선 척추동물의 먼 조상은 어떤 동물인지 알아보자.

척추동물의 조상이라 생각되는 동물은 피낭류 또는 미색류란다. 피낭(被囊)은 '주머니에 싸여 있다'는 뜻이며 미색(尾索)이라는 말은 '꼬리가 끈으로 되어 있다' 즉, '끈 같은 척추로 되어 있다'

우리가 어시장에서 흔히 보는 우렁쉥이(멍게)는 원시 척추동물이다.

는 뜻이란다. 이들의 어미는 땅바닥에 붙어서 살았고 새끼들은 물속에 떠서 살았지. 우리가 흔히 멍게라고 부르는 우렁쉥이와 미더덕이 피낭류의 대표란다.

우렁쉥이 새끼들은 꼬리 부분에 간단한 막대기 모양의 척추 비슷한 척색이 있었어. 척색은 아주 간단해서 등을 지나가는 부드러운 막대기 같았고 몸의 다른 부분과 근육은 매달려 있었다고 생각돼. 우렁쉥이나 미더덕의 척색은 이들이 한곳에 자리를 잡고 크면 퇴화되어 없어진단다. 이들보다 더 발달한 동물의 척색은 머리부터 꼬리까지 등 전체에 걸쳐 있었고 결국 물고기의 척추처럼 제대로 된 척추가 생겼어. 이들을 두색류라고 해. 최초의 척추동물의 감각기관은 머리 쪽에 있었으며 오늘날 척추동물들의 감각기관도 얼굴에 모여 있단다.

척추동물은 무척추동물보다 훨씬 크게 자라며 빨리 움직일 수 있다는 점에서 척추는 동물의 모양과 사는 방법을 바꾼 위대한 발명품이야.

한편 척추동물의 조상은 점점 발달해서 피낭류와는 달리 한자리에 붙어서 살지 않은 종이 나타나기 시작했단다. 처음으로 자유로운 생활을 했던 척추동물은 몇 종은 될 거야. 그런 동물 가운데 청장의 원시물고기와 피카이아가 있었어.

척추동물 가운데 가장 먼저 나온 청장 물고기를 좀 더 알아보자. 이 원시물고기 화석은 최초의 물고기라는 점에서는 아주 귀하단다. 그 가운데 하나인 길이 28밀리미터의 쿤밍 물고기는 아가미가 아주 단순하고 미숙해, 다음의 물고기보다 더 원시형이라고 생각돼. 길이 25밀리미터의 하이코 물고기는 아가미가 약간 발달했고 등지느러미도 분명해. 두 종 모두 몸 가운데가 불룩해 유선형이야. 또 두 종 모두 배에는 지느러미가 있었으며 아래위의 턱이 없어 작은 구멍이 입 구실을 했어. 청장 물고기는 앞에서 말한 대로 몸 가운데가 불룩한 유선형으로, 길쭉한 먹장어나 칠성장어를 전혀 닮지 않았어.

또 오늘날 볼 수 있는 창고기와 비슷한 동물이 있었다고 생각된단다. 창고기는 길이 5센티미터 정도로 머리와 눈과 척추와 뼈와 비늘이 없으며 반투명해. 이 물고기는 뱅어를 닮았으며 사람이 먹기도 하는데 가장 유치한 물고기의 한 종이란다.

또 코노돈트가 있었던 것으로 생각돼. 코노돈트는 머리끝에 있는 눈이 아주 크고 몸이 뱀장어처럼 길쭉하며 꼬리에 지느러미가 있는 동물이란다. 길이가 10센티미터 정도이며 모양이 아주 유치하단다. 그래도 지느러미로 헤엄을 쳤고, 그러려면 아마도 척추가 몸의 모양을 잡아주었을 거야.

## 물고기는 어떻게 진화했을까?

지금 있는 물고기는 크게 연골어류와 경골어류로 나눈단다. 연골어류는 가오리나 홍어나 상어처럼 뼈가 연한 물고기를 말한단다. 반면 경골어류는 가자미나 도미처럼 뼈가 아주 단단한 물고기야.

그밖에 칠성장어나 먹장어처럼 입이 둥근 아주 유치한 원구류가 있어. 원구류는 주머니처럼 생긴 아가미로 숨을 쉬며 가슴지느러미도 비늘도 없고 몸은 길고 둥글어. 원구류는 혀에 있는 단단한 조직으로 먹이를 잡고 먹이의 체액을 녹여서 빨아먹었어.

초기의 물고기를 포함한 최초의 척추동물과 무척추동물 주위에는 위에서 말한, 아노말로카리스나 라가니아 같은 무시무시한 무척추동물이 아주 많아서 처음에는 무척 고생을 했을 거야. 그래서 이 동물들이 살아남으려고 헤엄치는 기술을 배웠을 것으로 추측한단다.

마침내 4억 7,500만 년 전 오르도비스기 초기에 들어와 몸이

오르도비스기 초기에 나타난 갑주어 상상도. 몸에 뼈가 없는 갑주어는 단단한 골판으로 몸을 감쌌으며 턱이 없어 먹이의 체액을 빨아먹었다.

단단한 갑으로 둘러싸인 이른바 갑주어(갑주 물고기)가 나타났단다. 갑주의 용도는 3가지 정도로 설명해. 첫째, 천적에 대한 방어용이란 설명이야. 단단한 갑주는 천적도 뚫기 어려웠을 거야. 둘째, 갑주가 영양분을 모아두는 창고라는 설명이란다. 계절에 따라 생기는 인산칼슘을 갑주에 모아두었다가 필요할 때 썼다는 거야. 셋째, 바닷물의 염분 때문에 세포막이 터지는 것을 막았다는 설명도 있어. 턱이 없던 갑주어는 보통 작고 행동이 느렸고 진흙을 걸러먹고 살았어.

이어서 약 4억 6천만 년 전에 껍질이 작은 갑 조각으로 싸인 원시물고기(아스트라스피스)가 나타났어. 이 물고기 화석은 북아메리카의 콜로라도에서 발견되었으며 지느러미다운 지느러미도 없어 물고기처럼 보이지 않아. 이 물고기도 턱이 없어 틈새 같은 입과 두 눈과 몸 양쪽에 아가미구멍이 뚫려 있었단다. 이때쯤, 그러니까 4억 6천만 년 전에 오스트레일리아에 나타난 이 원시물고기(아란다스피스)는 길이가 10센티미터 정도이며 꼬리지느러미로 천천히 헤엄을 쳤어. 이 원시물고기는 그때 바다의 바닥을 기면서 다른 동물들을 잡아먹었던 곧은 두족류를 피해 민물로 달아나려고 노력했던 것으로 보인단다.

그러나 시간이 가면서 뼈가 있고 턱이 있는 물고기가 나타났단다. 곧 머리와 가슴이 단단하고 목이 움직이는 판피 물고기가 나타났던 거야. 껍질이 단단한 판 같은 조각으로 덮인 이 물고기는 한때 바다의 왕이었단다. 이 물고기 가운데 큰 것은 길이가 10미터 정도가 되어 무엇이든 삼켜버릴 정도였단다. 머리 크기만도 1미터가 넘는 이 물고기의 턱뼈가 아래위로 날카롭게 연장된 큼직한 판은 이빨 구실을 했어. 이 물고기도 데본기에 발달했지만 데본기 말기에는 거의 사라졌단다.

마침내 실루리아기 후기에는 턱이 있는 물고기가 나타났단다. 턱은 어떻게 생겨났을까? 아가미가 변해서 턱이 되었다는 설명도 있고 숨을 쉬고 먹이를 먹던 기관이 변했다는 설명도 있어. 이 물고기들은 먹이를 걸러먹거나 체액을 빨아먹지 않고 제대로 먹었어. 이 물고기는 몸집에 비해 눈이 컸고 지느러미도 많아져 물고기다웠단다. 턱이 있는 물고기는 과거의 물고기와 달리 뼈가 몸을 지탱했어. 이 물고기는 나타나자 곧 민물에 살기 시작했던 것으로 보여. 염분이 많은 바다에서만 살던 동물이 염분이 거의 없는 강물에 살 수 있다는 것은 커다란 발전이란다. 이 옛날 물고기는 데본기에 들어와 많아졌다가 페름기에 들어오면서 멸종했어.

한편 갑주어는 계속 발전해 4억 년 전인 데본기 초기에 들어와 머리가 큼직한 갑으로 싸인 갑주어(프테라스피스)가 나타났단다. 길이가 20센티미터 정도인 이 갑주어는 갑주로 강물이 스며드는 것을 막고 내장에서 민물이 나와 강물에서도 살 수 있었어. 그러나 이 물고기들은 아직 턱이 없는 원시물고기였어.

마침내 3억 9천만 년 전, 지느러미에 가시가 돋친 듯 뾰족뾰족한 지느러미를 가진 최초의 물고기인 케이롤레피스가 나타났단다. 이 물고기는 가슴과 배에 지느러미가 한 쌍씩 있고 등지느러

데본기 초기에 나타난 갑주어이자 최초로 바닷물이 아닌 민물에서 살 수 있게 된 원시 물고기인 프테라스피스는 몸의 앞부분은 몇 개의 골판으로 덮였고 뒷부분은 비늘로 덮였으며, 아직 턱이 없었다. 사진은 프테라스피스 화석.

미도 있어 상당히 빨리 헤엄쳤고 오늘날 물고기와 아주 비슷했지. 이 물고기는 뼈가 몸을 받쳤고 척추다운 척추가 있었어. 오늘날 거의 모든 물고기는 케이롤레피스의 후손이란다. 한편 이보다 약간 늦게 상어 계통인 연골어류도 나타났단다.

최근 연구를 보면 3억 7천만 년 전 물고기의 턱을 단층촬영한 결과, 턱에 촘촘히 박혀 있는 이빨의 성분인 상아질과 그 상아질을 만들어내는 치수강을 찾아냈어. 치수강이란 이빨의 가운데 몸체를 말해. 그런 것으로 보아 이빨이 턱과 함께 진화했다는 것을 알 수 있단다.

날카롭고 무시무시한 이빨을 자랑하는 무서운 상어는 언제 나왔을까? 상어는 앞에서 보다시피, 갑주어가 나온 뒤, 또한 케

케이롤레피스는 고생대 중기에 살았던 머리뼈가 제대로 생긴 원시물고기이지만 화석에서는 알아보기 힘들다. 케이롤레피스 복원 사진을 보면 지느러미가 있어 빠르고 불안하지 않게 헤엄쳤던 것을 알 수 있다.

이롤레피스보다도 늦게 나왔단다. 그러나 욕심 많고 동작이 재빠른 상어가 나오면서 거의 모든 물고기가 없어졌어. 갑주어를 비롯한 턱이 없던 옛날 물고기와 턱이 있던 옛날 물고기와 판피 물고기가 상어의 무시무시한 이빨 때문에 모조리 멸종했단다. 그러나 경골어류는 빨리 헤엄쳐 살아남았어.

상어의 이빨은 턱 둘레를 따라 났던 돌기들이 더욱 커져 이빨이 된 것 같아. 상어의 이빨은 아주 많고 무섭게 보여도 상어는 초기의 물고기라 상어의 몸을 이루고 있는 뼈는 그렇게 복잡하지 않고 개수도 몇 개 되지 않는단다. 한편 상어 머리 양 옆의 아래위로 찢어진 아가미는 당시 물고기들의 아가미 흔적이 남은

고생대에 나타나서 갑주어를 비롯한 옛날 물고기와 판피 물고기를 모조리 먹어치운 무시무시한 상어는 초기의 물고기답게 몸을 구성하고 있는 뼈가 단순하고 개수도 몇 개 되지 않는다. 상어 머리 양 옆의 아래위로 찢어진 아가미는 고생대 물고기들의 아가미 흔적으로 여겨진다.

것이라 생각돼. 상어가 지금까지 번성한다는 것은 상어가 환경에 잘 적응했다는 뜻이란다. 대부분의 상어는 더운 바다나 온대지방의 바다에 살고 있지만 그린란드 근해처럼 추운 바다에 적응한 상어도 있어.

한편 허파가 있는 물고기, 폐어(肺魚)는 언제 나왔을까.

폐어의 조상은 얕은 늪에서 살았던 경골어류로 생각돼. 늪이 마르면 아가미만 있는 물고기는 죽어도, 아가미와 허파가 있던 폐어 조상은 공기를 직접 호흡해서 살아남았던 것으로 보여. 곧 폐어는 다른 늪으로 건너가거나 진흙 속에서 살 수 있도록 공기를 호흡할 수 있었던 거야.

폐어는 왜 공기 중의 산소를 마셔야 했을까?

데본기 들어 땅에서 식물이 발달하면서 식물이 분해되어 물로 흘러든 영양분과 먹이가 물속에 많아졌어. 그러자 박테리아도 워낙 많아지면서 물속에는 산소가 모자랐단다. 그러자 대부분의 물고기는 산소가 많은 곳에서 아가미로 숨을 쉬도록 진화했지만, 폐어는 반대로 공기를 흡수해 살아가도록 진화했단다.

폐어는 상어와 거의 같은 시대에 나온 것으로 보여. 지금도 살아남은 폐어는 물에서 나와 질척거리는 진흙밭을 지느러미로 기어갈 수 있단다. 그런 점에서 폐어는 아주 유치한 양서류라고 생각할 수 있어. '숭어가 뛰니까 망둥이도 뛴다'라는 속담 알지? 그 속담에 나오는 작은 물고기인 망둥이는 오늘날에도 볼 수 있어. 망둥이는 지느러미로 진흙밭을 기어갈 수 있단다. 망둥이는 공

망둥이는 공기를 빨아들여 숨을 쉬는데, 물고기로서는 아주 드문 능력이다. 또한 망둥이는 입 속에 물을 저장해서 아가미를 적시는데, 이것을 보면 망둥이는 옛날 방식 그대로 오늘날까지 살아온 물고기다.

기를 빨아들여 숨을 쉬는데, 이런 능력은 물고기에서는 아주 드물어. 또 망둥이는 입 속에 물을 저장해 아가미를 축축하게 적신단다. 이런 점에서 망둥이는 옛날식으로 살아가는 물고기지.

　물고기는 3가지 특징이 있어. 첫째, 잘 알다시피 물을 떠나서는 살 수 없다는 거야. 물속에서 먹이를 얻고 아가미로 산소를 흡수하기 때문이지. 망둑어처럼 짧은 시간 동안 물 밖에서 움직일 수 있는 물고기도 있지만 대부분의 물고기가 사는 곳은 물속이란다. 참, 폐어도 예외야.

　하지만 물고기도 처음부터 아가미로 숨을 쉬지는 않았어. 처음에는 아가미와 허파로 숨을 쉬었단다. 그러나 시간이 지나면

# 물고기 척추는 저장창고였다?

캄브리아기 초기에 나타난 물고기들은 데본기에 크게 발달해서 데본기를 '어류시대'라고도 부른단다. 그때는 그 전에 생겼던 갑주어와 턱 있는 옛날 물고기, 판피 물고기, 연골어류, 경골어류 등등 지상에 나왔던 모든 물고기가 있었단다. 석탄기로 들어오면서 어류는 줄어들기 시작해서 고생대 말에는 연골어류와 경골어류만 남았어. 이 두 물고기는 중생대 말에 있었던 큰 멸종도 견뎌내고 신생대에 들어와 2만 종 넘게 다시 한 번 더 크게 발전하고 있단다.

물고기가 척추동물 가운데 맨 먼저 나왔다는 것은 상식이야. 그런데 척추의 용도가 무엇일까? 척추는 우리가 흔히 생각하듯이 몸의 구조를 잡아주는 것 이상의 쓰임새가 있었단다. 척추는 물고기에게 필요하지만 강물에는 없는 칼슘, 마그네슘, 인, 유황, 철 같은 무기물의 창고였단다. 그러므로 강물에 칼슘이 적으면 척추가 녹아 물고기에 필요한 칼슘을 주고 또 강물에 칼슘이 많아지면 척추에 저장했단다. 척추가 이런 일을 했다니 신기하게 들리지만, 무기물이 없는 강물에서 물고기가 살아간다고 생각하면, 이런 일도 필요하고 이런 일을 할 기관도 있어야 해.

서 물고기들이 산소가 많은 깊은 곳에 적응하면서 허파로 숨을 쉬지 않게 되었단다. 나아가 물고기는 알이나 새끼를 물속에서 낳으면서 물을 떠나서는 살 수 없게 되었어.

둘째, 물고기는 측선이 발달했어. 물고기가 물속에서만 살면서 몇 가지 특별한 능력과 기관이 발달했단다. 그 가운데 하나가 바로 물고기의 몸 양쪽 옆에 있는 측선이야. 물고기의 '측선'이라고 들어본 적 있어?

물고기는 물속에서 살면서 나름대로 살아가는 방법을 잘 생각했단다. 바로 물의 흐름, 온도, 압력, 산소, 염분 같은 것을 느끼는 측선이 몸의 양쪽 옆에 생겨났기 때문이야. 측선이 물의 모든 정보를 받아들여, 물고기는 자신이 있는 곳을 알게 된단다.

나아가 물고기는 소리를 들을 일이 거의 없어서 소리를 내거

나 듣는 기관은 없는 것이나 마찬가지야. 그러나 아주 나중에 물속에서 소리를 내는 몇 종의 물고기가 나타났단다.

셋째, 물고기는 이석을 갖고 있어. 가자미나 넙치 같은 몇몇 물고기를 빼고 거의 모든 물고기는 앞에서 보면 몸의 왼쪽과 오른쪽이 똑같은 좌우 대칭이야. 그러므로 몸이 어느 한쪽으로 기울어져 좌우 대칭이 깨지면 살기 아주 힘들어. 따라서 물고기는 물속에서 균형을 잡으려고 이석(耳石)이 생겼어. 이석이란 물고기의 머리 뒤 양쪽에 한 개씩 있는 하얗고 단단한 뼈를 말해. 모든 물고기에는 이석이 있단다. 가자미나 넙치도 새끼 때는 좌우 대칭인데 자라면서 눈이 옆으로 돌아간단다.


## 양서류는 어떻게 진화했을까?

식물과 절지동물에 이어 물고기의 일종이 양서류로 발달해 네 발로 땅 위로 기어오르기 시작했단다. 곧 지느러미가 나뭇잎처럼 넓적한 폐어 계통의 일종이 데본기 끝에 양서류로 발달한 것으로 생각돼.

동물이 땅 위에서 살려면 무엇보다도 공기를 호흡해야 한단다. 곧 숨을 쉬어야 해. 공기를 흡수하는 기관이 바로 허파란다. 그러므로 땅 위에서 사는 모든 동물에게는 허파가 있어. 또 몸을 움직여야 한단다. 곧 물속에서는 부력을 받아 쉽게 움직일 수 있지만 땅 위에서는 그렇지 않아. 그러므로 골격이 튼튼하고 근육이 발달해야 돼.

스웨덴에서 발견된 양서류 조상(유스세노프테론)은 지느러미에 7개의 손가락뼈가 있다는 점에서 육상 척추동물의 직계 조상으로 보여. 약 3억 7천만 년 전에 나타난 이 동물은 머리와 꼬리가 길어서 커다란 도롱뇽처럼 생겼단다. 이 동물은 길이가 1.5미터 정도이며 다리가 약한 것으로 보아 주로 늪지 물속에서 수초 사이를 기어 다녔던 것으로 보여. 아직도 땅 위로 완전히 나오지는 못했지만 지느러미에 뼈가 있어서 단순히 헤엄치는 것을 지나 지느러미를 손처럼 쓰기 시작했던 것 같아.

마침내 데본기 끝인 3억 6천만 년 전에 양서류(이크시오스테가)가 그린란드에 나타났단다. 길이가 약 1미터인 이 동물은 처음으로 땅 위로 나온 척추동물이야. 이 동물의 다리 뼈대는 튼

원시 양서류인 이크시오스테가는 주로 물속에서 살면서 물고기를 잡아먹었다는 점에서 개구리와 다르다. 사진은 독일 슈투트가르트 자연박물관에 전시된 이크시오스테가 모형.

튼해 몸을 들어 올려서 갈비뼈가 심장이나 간이나 폐 같은 주요한 내장을 보호하게 되었어. 물가를 엉금엉금 기어 다녔던 이 양서류는 폐가 발달해 공기를 호흡할 수 있었어. 아마도 이 동물이 살았던 늪의 물이 자주 썩어서 신선한 공기를 마셔야 했을 거야. 그때 그린란드는 적도 부근에 있어 따뜻했고 양치류의 숲이 무성하게 우거졌단다. 그러므로 늪이 있었고 그 물이 썩었다는 것은 있을 법한 일이야.

이 양서류(이크시오스테가)는 물과 뭍 양쪽에서 제대로 살 수 있었단다. 주로 늪지대의 수초 속에서 살았던 이 양서류는 폐어보다 긴 시간 동안 물 밖에서 보낼 수 있었어. 원시물고기가 앵무조개를 피해 민물에 들어서려고 한 후 1억 년 만인 3억 6천만 년 전에 양서류가 드디어 땅 위에 올라오게 되었어.

양서류의 특징을 살펴볼까? 양서류도 크게 3가지 특징이 있어. 첫 번째 특징은 반드시 물로 돌아가야 한다는 거야. 원시 양서류는 폐어 계통의 물고기류에서 발달해서 두 동물은 비슷한 점이 많단다. 예컨대, 머리는 폐어의 머리처럼 넓적하고 이빨 단면은 폐어의 이빨 단면과 아주 비슷해.

폐어의 지느러미뼈는 원시 양서류의 발가락과 손가락으로 진화한 것으로 보일 정도로 비슷하고 부분 부분이 들어맞아. 조금 발전한 양서류는 5개의 발가락을 가지고 있었으며 오늘날 대부분의 동물 발가락도 5개란다.

양서류는 뼈대도 단단하고 폐도 있어 땅 위에서 사는 데 큰 어려움이 없었단다. 그러나 양서류의 껍질은 수분을 보존할 수 없어 물에서 멀리 갈 수 없었어. 양서류는 상당한 시간을 땅 위에서 살 수는 있었지만, 알을 물속에 낳고 물속에서 부화한다는 점에서 조상이 살았던 방법에서 완전히 벗어나지는 못했어.

양서류의 두 번째 특징은 폐가 생겼다는 거야. 양서류가 공기 속에서 살려면 무엇보다도 공기를 빨아들여 산소를 몸속으로 가져가야 한단다. 이런 일을 하는 기관이 바로 허파(폐)야. 폐는 폐어에도 있었지만 양서류에게는 없어서는 안 돼. 그러나 양서류의 폐는 나중에 생긴 공룡-새-포유동물의 폐보다는 간단해도 공기 중에서 살기에는 부족하지 않았단다. 또 위에서 말한 대로 몸의 뼈대와 구조도 폐가 있도록 좋아졌어. 양서류는 물속에서는 물의 부력 덕분에 쉽게 움직일 수 있었단다. 그러나 물 밖에서는 몸의 무게 때문에 몸을 세우고 움직이려면 더 강한 힘과 뼈대가 필요했어. 그래서 양서류의 뼈대는 물고기의 뼈대보다 단단해졌단다. 초기 양서류는 배를 땅에 대고 네 발로 기어 다녔지만, 후기에 나온 양서류는 배를 들고 기어 다녔어.

양서류의 세 번째 특징은 소리를 내고 듣는 기관이 생겼다는 거야. 양서류가 꽤 많은 시간을 물 바깥에서 살기 시작하면서 전갈 같은 천적들을 만나게 되었어. 양서류들은 천적을 만나면 달아났고 살아남으려고 비명을 질렀단다. 또 친구들에게 빨리 알려주었어. 일종의 경고야. 그러면서 양서류에게는 물고기에게는 없는 소리를 내는 기관과 듣는 기관이 생겼어.

처음에는 양서류가 천적 때문에 소리를 내고 들었지만, 나중에는 짝을 찾으려고 소리를 내고 들었단다. 암수가 다른 몸인 양서류가 후손을 남기려면 짝을 찾는 게 무엇보다 중요해졌어. 양서류를 포함한 모든 생물들은 자손을 남겨야 한단다.

그런데 올챙이 화석을 본 적이 있어? 아마 아무도 본 적이 없을 거야. 올챙이가 변해서 개구리가 되지? 그러나 올챙이와 개구리는 모양이 너무 달라 각각 화석이 된다면 올챙이가 개구리의 전 단계라는 것을 알아보기 힘들 거야. 오히려 다리가 나지 않은 올챙이를 물고기의 하나로 보기 쉬워. 그러나 올챙이 몸 속에 있던 개구리 다리뼈가 발견되거나 개구리로 바뀌는 여러 단계의 올챙이가 화석으로 나온다면, 요즘 올챙이를 보아, 개구리의 전 단계라는 것을 추측할 수 있을 거야. 보존이 아주 잘 되면 꼬리 달린 개구리 화석이 나오는 수도 있단다. 중국에서 발견된 꼬리 달린 개구리 화석은 아주 옛날에도 올챙이가 커서 개구리가 되었다는 것을 보여주는 좋은 화석이야. 이런 화석은 아주 귀하단다. 물론 몸이 부드러운 올챙이가 화석으로 보존되기 힘들어, 아직 올챙이 화석이 발견되었다는 이야기를 들은 적은 없어. 한편 개구리는 고생대 후기 석탄기에 나타났다는 주장도 있지만 확실히 나타난 것은 고생대 말기에서 중생대 초기야.

# 석탄기와 페름기는 양서류 세상!

양서류는 크게 세 부류로 나누어지며, 위에서 보듯이, 데본기에 벌써 나타났단다. 가장 먼저 나타난 부류는 크기가 최대 3미터까지 되었으며 데본기에 나타났다가 쥐라기 초기까지 살았단다. 몸은 비늘로 덮였고 땅을 기어 다녔어. 다른 부류는 석탄기 초기에 나왔다 페름기 초기까지 살았어. 이 양서류도 비늘로 덮였으나 크기가 작았어. 우리가 옛날 생물을 그린 책을 볼 때 보통 볼 수 있는 험상궂게 생기고 땅바닥을 기는 동물이 바로 이 양서류란다. 다른 부류 하나가 바로 오늘날 개구리로 발전한 부류야.

양서류는 파충류 조상이 석탄기 말기에 나타날 때까지 적어도 약 7,500만 년 동안 지상에 있던 유일한 척추동물이었단다. 양서류는 페름기 말까지 크게 발전했어. 그러므로 석탄기와 페름기를 합쳐서 '양서류 시대'라고 부른단다. 그때 기후가 따뜻했고 습기도 많아 식물들이 울창하게 발달했어. 또 육상에 곤충은 있어도 전갈을 빼고는 새나 뱀 같은 양서류의 천적은 하나도 없었단다. 그러므로 양서류가 늪지와 부근 물가에 번성했어.

# 4. 땅에서는 식물이 발달해

## 양치식물이 쑥쑥 자랐어

요즈음 대부분의 식물이 땅 위에서 살아. 식물은 사막과 빙원과 극지의 암반을 빼고는 없는 곳이 거의 없을 정도로 발달했단다. 식물이 땅 위로 올라오면서 크게 발전할 이유가 있었을까?

있었단다. 곧 식물은, 위에서 말한 대로, 빠르면 4억 7천만 년 전, 늦어도 4억 1천만 년 전에 땅 위로 올라오면서 곰팡이와 같은 계통인 진균과 공생하면서 크게 발달하기 시작했어. 식물의 뿌리 끝에 있는 진균들이 흙에 있는 질소나 인산 화합물을 식물에게 주었단다. 대신 식물은 광합성으로 만든 당분을 진균에게 주었어. 오늘날의 나무도 90퍼센트 정도는 진균과 공생한단다.

공생을 하지 않으면 지금처럼 크게 자라지 못해. 식물이 진균과 공생하는 것은 이때부터 시작된 것 같아. 예를 들자면 콩과 식물의 뿌리에 많은 질소고정 박테리아가 바로 그런 진균 가운데 하나란다. 모든 식물이 진균과 공생하고 공생하지 않는 식물은 그렇게 보일 뿐이지, 실제로는 공생한다고 식물학자들은 생각한단다.

양치식물들은 데본기 초기에 번성하기 시작해 데본기 후기에는 지름이 1.2미터나 되는 종도 있었어. 캐나다에는 이때 쌓인 석탄층도 있단다. 워낙 많은 양치식물들이 쓰러지면서 빨리 썩지

양치식물은 고생대 데본기에 번성했다. 양치식물은 뿌리와 줄기와 잎이 있는 식물로 포자로 퍼지며 고사리, 속새(아래 왼쪽) 석송(아래 오른쪽) 같은 식물이 이에 포함된다. 속새는 주로 그늘지고 습한 곳에서 생장하며 속이 빈 원통형 줄기에는 광물질이 많아 딱딱한 기구를 닦는 데 주로 쓰이는 키가 40~60센티미터인 식물이다.

못해 토탄이 되었다가 석탄이 된 거야. 토탄이란 식물의 줄기나 뿌리가 제대로 썩지 않아 남아 있는 석탄의 일종이란다. 한편 그 전에는 석탄이 될 만큼 많은 식물이 없었어.

이어 지금부터 3억 5,920만 년 전에 시작된 석탄기에 들어와 석송, 속새 따위의 고사리 계통 식물인 양치식물들이 굉장히 많이 번성했단다. 그 고사리는 우리나라에서 볼 수 있는 작은 종의 고사리가 아니라 열대지방에 있는 나무처럼 큰 고사리들이야. 고사리 계통인 석송은 키가 12~15미터가 넘고, 지름이 1미터 이상이고 키가 30미터가 된 석송도 있었어. 석송은 줄기가 곧았으며 가지가 위에서 퍼졌단다. 석송 껍질은 물고기 비늘처럼 보여 인목 또는 봉인목이라고 불러. 줄기에 광물 성분이 있고 단단한 풀인 속새는 지름이 30센티미터가 넘었어. 이 식물들은 꽃이 피지 않아 씨가 없었으며 포자로 번식했어. 수천 종의 이런 식물들이 적도 부근의 열대지방에 있는 늪에서 크게 발전했단다.

이 나무들은 워낙 많아서 죽어서 늪에 두껍게 쌓인 다음 눌려서 석탄이 되었어. 죽은 나무는 너무 많고 나무를 썩히는 박테리아는 너무 적어서 나무가 제대로 썩지 않았기 때문에 석탄이 된 거란다. 말하자면 양치식물이 죽어서 석탄을 남긴 거지. 이때만 해도 육지 안쪽이나 건조한 곳에는 식물이 없었단다. 그렇게 메마른 데서 싹을 틔울 만한 식물이 없었던 거야. 단지 늪지와 물가에만 양치식물들이 울창한 숲을 이루었단다.

## 겉씨식물이 나타나

고생대 석탄기부터 페름기까지, 곧 3억 5,920만 년 전부터 거의 1억 년 동안 지구의 남반구는 두꺼운 얼음에 덮였단다. 빙하기가 닥쳐온 거야. 왜 빙하기가 찾아왔을까? 여기에는 몇 가지 설명이 있어.

첫째, 숲이 너무 발전해 공기 중의 이산화탄소가 다 없어져 기온이 내려갔기 때문이라는 설명이 있어. 바로 지금처럼 이산화탄소가 많아져서가 아니라, 적어지면서 지구가 추워졌던 거야. 이산화탄소가 온실가스의 하나로 공기 중에 많으면, 기온이 올라간다는 점에서는 이 주장이 이해돼.

그러나 그렇지 않다는 주장도 있단다. 두 번째 설명이 그것인데, 대륙이 이동해 한 덩어리가 되면서 해류가 막혔고, 그래서 따뜻하고 습기가 많은 공기가 극 쪽으로 흘러가 고위도 차가운 곳에서 눈과 얼음이 되었고, 그 결과 지구가 추워졌다는 주장이야.

한편 지구는 옛날에는 공기 중에 이산화탄소가 많았지만 시간이 가면서 점점 적어져, 공룡과 새를 비롯하여 동물과 식물들이 살기 좋게 되었단다. 기온이 생물들이 살기에 좋게끔 낮아졌던 거야.

식물이 동물보다 빨리 발전해, 약 3억 년 전인 석탄기 말에 이미 중생대의 특징을 가진 겉씨식물이 나타났어. 최근의 주장으로는 3억 5천만 년 전인 석탄기 초기에 최초의 겉씨식물인 소나

소나무의 역사는 대단히 길다. 고생대인 석탄기 초기에 잣나무와 더불어 지구상
에 등장한 최초의 겉씨식물이기 때문이다.

무와 잣나무 계통인 송백류가 나타났단다.

그런데, 겉씨식물이란 어떤 식물일까?

겉씨식물이란 꽃이 피지만 씨가 밖에서 보이는 식물을 말해. 침엽수인 소나무와 잣나무가 대표란다. 겉씨식물에는 높이 30미터가 넘는 아주 큰 식물들도 있어. 이 식물들과 위에서 말한 양치식물이 늪에 두껍게 쌓여 석탄이 됐어.

이때만 해도 육지 안쪽이나 아주 건조한 곳에는 식물이 없었단다. 그렇게 메마른 데서 싹을 틔울 만한 식물 없었던 거야. 단지 물가와 늪지 부근에만 양치식물들과 겉씨식물들이 울창한 숲을 이루었단다.

그러다가 고생대 말기인 페름기 중엽에 드디어 새로운 식물인 은행나무와 소철류가 나타났단다. 소철류는 보통 키가 작고 줄기가 원통처럼 둥글며 잎이 야자수처럼 꼭대기에서 옆으로 퍼지는 식물이야. 그러나 고생대 말에 들어 많은 생물들이 멸종했을 때, 식물도 멸종해 수백 종으로 줄어들었어. 그래도 소철류는 지금도 열대지방에서 볼 수 있단다. 은행류도 지금까지 살아남아 우리 주위에서 쉽게 볼 수 있어. 이때 양치식물도 적지 않았단다.

# 식물 화석을 보면 기후가 보인다?

식물 화석을 연구하면 그 식물이 살았던 때의 기후를 알 수 있단다. 잎이 넓은 활엽수는 따뜻한 지방에서, 잎이 뾰족한 침엽수는 추운 지방에서 생장하기 때문이야. 열대지방에는 열대지방 특유의 식물들이 있어. 또 그런 열대 특유의 식물이 있으면 열대 특유의 동물들도 있었단다. 그러므로 식물 화석을 보면 당시의 수풀을 그려볼 수 있어. 예를 들어, 꽃이 피는 식물의 화석이 나오면 그 곳에는 나비나 벌이 있었다는 것을 그릴 수 있단다. 나비나 벌이 그 꽃을 수정시켰기 때문에 식물이 그곳에서 살 수 있었던 거야. 또 나비나 벌이 있었다는 말은 그런 곤충들 유충들이 있었고 그런 유충들이 살 만한 장소가 있었다는 뜻이야.

나아가서 벌과 나비가 있으면 그들을 잡아먹는 다른 곤충이나 벌레 또는 새가 있다고 보아야 돼. 개미와 벌과 진드기와 거미와 사마귀와 잠자리도 있었을 거야. 열대지방이라면 벌새도 있고 전갈도 있었다고 보아야 해. 물론 그런 동물을 잡아먹는 다른 짐승들, 바로 먹이망의 위쪽을 차지하는 육식동물들도 있었겠지?

또 벌레 먹은 나뭇잎 화석은 나뭇잎을 파먹었던 벌레가 살았다는 증거가 되고, 그 벌레가 무슨 곤충의 유충인지를 밝혀내면 새로운 연구 재료가 된단다. 나아가서 그 나뭇잎이 어느 계절에 벌레에게 파먹힌 지도 알 수 있어.

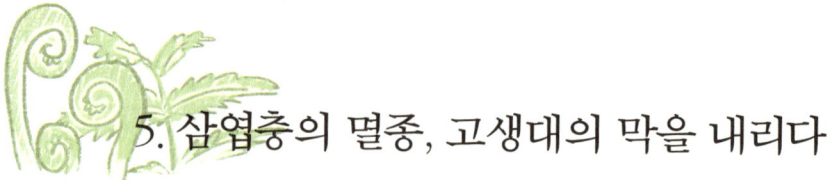

# 5. 삼엽충의 멸종, 고생대의 막을 내리다

## 최초의 멸종은 오르도비스기 말

아주 옛날에 나타났던 고생물들은 언제나 번성한 것은 아니고 가끔 상당히 많이 한꺼번에 죽어 없어졌단다. 화석을 연구하는 사람들은 이를 '멸종(滅種)'이라고 불러. 고생대에도 멸종이 몇 번 있었단다.

첫 번째 멸종은 오르도비스기 말로 지금부터 약 4억 4,370만 년 전이야. 그때 바다에서 살았던 동물의 57퍼센트 정도가 죽어 없어졌단다. 이때 삼엽충, 극피동물, 완족동물, 벌집산호와 사슬산호의 상당 부분이 사라졌어.

멸종의 원인은 아마도 지구가 갑자기 차가워졌기 때문일 거라고 과학자들은 생각한단다. 지구가 추워져서 빙하가 생기자 바다가 낮아지면서 얕은 바다에 살던 생물들이 멸종되었다는 거지. 당시는 거의 모든 대륙이 남극 부근에 있었기 때문에 그렇지 않아도 물이 차가웠는데, 빙하기가 되어 해수면이 낮아져 생물들이 죽었던 거야. 해수면이 낮아지는 것을 눈치 챈 동물들이 깊은 곳으로 재빨리 옮겨가서 살면 되지 않느냐고? 음, 그게 말처럼 쉬운 일이 아니란다. 최근에는 우주에서 감마선이 폭발해서 동물들이 갑자기 죽었다는 새로운 의견도 나왔어.

동물들이 많이 없어진 후 실루리아기가 되어서 약 200~300만 년 정도 지나자 생태계는 회복되었단다. 예를 들면, 턱이 있는 물고기가 나타나 먹이를 뜯어먹었어. 그 전의 물고기에는 턱이 없어서 먹이의 체액을 빨아먹었단다. 또 1~2미터 크기의 바다전갈은 꽤 빨리 헤엄치면서 물고기를 잡아먹었어.


## 데본기 말에도, 페름기 말에도 멸종

두 번째 멸종은 데본기 말로 3억 5,920만 년 전이야. 이때도 지구가 차가워지면서 해면이 낮아졌고 그 결과 바다생물의 80퍼센트 정도가 사라졌어. 이때 삼엽충, 완족동물, 필석류, 직선형 암모나이트가 많이 없어졌어. 그러나 동물들이 죽었던 시간은 100만 년 정도로 그렇게 길지 않아, 다시 정상으로 돌아왔단다.

최근에는 지구 바깥에서 운석 같은 것이 날아와 지구에 충돌

해 생물들이 멸종되었다는 주장이 나왔단다. 거의 같은 시기에 떨어진 운석들의 흔적이 유럽과 북아메리카에서 발견되었기 때문에 그렇게 생각하는 거지.

고생대에 번성했던 삼엽충과 필석과 산호와 방추충과 양서류가 페름기 말이자 고생대와 중생대 경계인 지금부터 2억 5,100만 년 전에 멸종했단다. 이런 동물들은 그 전에도 없어지기 시작했지만 고생대 말에 와서 거의 다 없어졌어.

그러므로 고생대와 중생대를 나누는 기준이 바로 고생대에 있던 생물들이 죽어 없어졌던 때야. 그때 바다에서 사는 생물의 95퍼센트와 땅에서 사는 생물의 70퍼센트 정도가 없어져서, 다음에 이야기할 중생대 말 공룡이 멸종할 때 없어진 생물보다 더 많은 생물들이 없어졌단다. 말이 95퍼센트고 70퍼센트지, 거의 다 없어진 거지.

과거와는 달리 멸종이 계속된 시간도 800만 년 정도로 아주 길어. 이것은 생물들이 살기 힘든 환경이 그렇게 오래오래 계속되었다는 뜻이란다.

고생대 생물은 어떻게 그렇게 한꺼번에 많이 없어졌을까? 고생대 말에는 몇 가지 원인이 어우러져 생물들이 갑자기 죽었던 것으로 해석한단다. 어떤 원인들이 어우러졌을까? 과학자들은 아마도 바다와 화산과 운석이 원인일 것으로 짐작하고 있어.

### 바다가 낮아져서 사라졌을까?

대륙들이 모이고 해류와 바람이 변하고 기온이 떨어지면서 육지에 빙하가 생겨 바다의 수면이 낮아졌어. 여러 증거들을 볼 때 평균 90미터는 낮아졌단다. 바닷물 높이가 90미터나 낮아졌다는 것은 엄청난 변화야. 바닷물이 얕아지자 얕은 곳에 살던 삼엽충이나 방추충, 산호, 필석 따위의 바다생물들이 몽땅 죽어버렸어. 바닥에서 사는 생물들은 자기에 맞는 환경에서 살기 때문에 갑자기 깊은 곳으로 옮겨가서 살기는 힘들거든. 방추충은 크기가 1센티미터도 안 되고 럭비공처럼 생긴 세포가 한 개인 동물을 말해.

### 화산이 폭발해서 사라졌을까?

또한 화산이 터지면서 화산재가 하늘을 가려 식물이 광합성을 하지 못했어. 실제로 오늘날의 러시아에 해당하는 곳에서 화산이 쉬지 않고 폭발하면서 현무암이 고생대 말 약 100만 년 동안 솟아나 한반도의 11배나 되는 거대한 지역에 흘러 퍼졌을 때, 화산 연기와 아황산가스 같은 유독 가스 때문에 엄청난 생물들이 죽었다는 거야. 화산 연기에 태양이 가려지면서 날이 추워졌고 추위를 견디려면 피가 따뜻해야 되는데, 고생대 말에 번성했던 양서류는 변온동물이라 추위에 약해 많이 죽었다고 보아야 할 거야. 물론 공기도 유독해져서 숨을 쉴 수 없었지.

### 거대한 운석과 충돌해서 사라졌을까?

한편 고생대 말, 다음에 설명하는 중생대 말처럼, 지구가 외계에서 날아온 거대한 혜성이나 운석과 충돌하면서 생물들이 죽었다는 주장이 있단다. 처음에는 이 주장을 증명하는 증거가 적었지만 이제는 점점 많아지고 있어.

또 화산이 폭발하고 지구 바깥에서 날려온 물체가 지면에 충돌하면서 대기의 성분이 바뀌었을 거야. 그러자 하늘에서는 산성비가 내려 강물과 호수 물과 바다 표면의 바닷물이 산성이 되었어. 물론 땅 위의 생물이 죽으면 강이나 호수나 얕은 바다에 있는 생물도 죽는다고 봐야 해.

최근 중국 난징 남쪽 지방에서 나온 화석들을 연구한 결과를 보면, 고생대 동물들이 없어지는 데 단 1만 년밖에 걸리지 않은 것 같다고 해. 이렇게 아주 짧은 시간에 없어진 것을 보면 환경이 변해서 천천히 멸종된 것보다는 아주 빨리, 곧 지구 바깥에서 날아온 물체에 충돌된 것 같아. 이런 주장은 중생대 말 공룡의 갑작스런 멸종을 설명했는데, 지구의 역사가 워낙 길어서 2억 5,100만 년 전, 곧 고생대 말에도 충돌했을 수 있을 거야.

참, 2012년 가을에는 지구가 극도로 뜨거워져 생물들이 멸종했다는 주장도 나왔단다. 열대 지역의 온도는 섭씨 50~60도, 바다의 표면은 섭씨 40도가 되어 거의 모든 생물들이 사라졌다는 주장이야. 대부분의 식물은 섭씨 35도부터 광합성을 멈추고 섭씨 40도를 넘으면 죽기 시작해. 덧붙이면 이렇게 고생대 말에 생물들이 멸종한 이후 500만 년 동안 새로운 생물이 나타나지 못했단다. 이건 바다에서 나온 생물들 화석을 연구한 결과야.

그런 주장들을 종합해서 생각하면, 어느 한 가지가 우세했을 수도 있겠지만 여러 원인들이 복합됐다고 보는 게 이치에 맞을 것 같아.

그렇게 많은 생물들이 아주 짧은 시간에 죽었어도, 그때 아주 드물었던 더운피 파충류가 다행히 살아남아 중생대가 시작하면서 공룡으로 진화한 것으로 보여. 물속에서 헤엄치면서 살았던 물고기들은 그래도 뜨거운 물의 영향이 적은 물속으로 달아나서 살아남은 것 같아.

# 3장.

# 중생대
## - 공룡이 번성했다!

트라이아스기 : 2억 5,100만 년 전~1억 9,960만 년 전
쥐라기 : 1억 9,960만 년 전~1억 4,550만 년 전
백악기 : 1억 4,550만 년 전~6,550만 년 전

2억 5,100만 년 전에 시작된 중생대는 한 마디로 공룡의 시대란다. 초식공룡이 천천히 어슬렁거렸고 육식공룡이 으르렁거리며 돌아다녔어. 또 육식공룡에서 새의 조상인 시조새가 나타났고 하늘에는 익룡이 날아다녔단다. 또 바다에서는 암몬조개와 어룡이 헤엄쳤어. 그러나 중생대는 6,550만 년 전, 새와 뱀과 거북과 악어를 뺀 모든 동물들이 갑자기 죽으면서 끝났단다.

# 1. 파충류 전성시대

## 파충류, 그들이 궁금해?

그런데 파충류와 양서류의 차이는 뭘까?

크게 3가지 정도를 들 수 있어. 먼저 파충류는 완전히 땅 위에서 살 수 있다는 점에서 양서류와 달라. 파충류의 비늘로 된 껍질은 양서류와 달라 수분을 몸속에 잘 보존할 수 있게 한단다. 그러므로 파충류는 양서류와 달리 땅 위 어디든 갈 수 있어. 파충류는 건조한 곳에서도 살 수는 있지만 찬피동물이라 잘 알다시피더운 곳에서만 살 수 있어.

또 파충류는 알을 낳기 위해 물로 되돌아가지 않아도 된단다. 그러나 파충류 새끼는 물속에서 자라. 반면 파충류 가운데 뱀이나 도마뱀은 알도 물속에 낳지 않지만 새끼도 물속에서 자라지 않아. 파충류의 알껍데기는 단단하며 알에는 영양과 수분이 많아 새끼는 안에서 충분히 자랄 수 있단다. 파충류의 알 껍데기에는 작은 구멍이 많아 산소는 들어오고 이산화탄소는 나간단다.

또한 양서류 새끼는 태어났을 때 충분히 자라지 않아 죽을 위험도 높고 적에게 쉽게 잡아먹혔단다. 그러나 파충류 새끼는 충분히 자라 잡아먹힐 위험은 많이 줄었어. 예를 들어, 개구리는 알에서 부화된 다음 올챙이 단계를 거쳐 어미 개구리가 돼. 올챙이는 물이 없으면 1분도 살지 못해. 그러나 거북이나 악어의 새끼는 어미와 모습이 똑같고 죽을 가능성도 올챙이보다 훨씬 적어.

대부분의 파충류 어미는 알이나 새끼를 돌보지 않는다. 그러나 독사 가운데 가장 크고 독성도 강한 인도의 킹코브라는 모성이 강하기로 유명하다.

반면 대부분의 파충류 어미는 알이나 새끼를 보호하지 않아. 어미는 알을 낳은 뒤 바로 사라진단다. 알은 태양열로 부화되고 새끼들은 물속으로 흩어져. 그러나 파충류 가운데 알이나 새끼를 보호하는 종이 있어. 우리나라의 누룩뱀과 인도의 킹코브라, 인도 파이톤 같은 뱀은 알과 둥우리를 돌보는 뱀들이란다. 악어 가운데도 나뭇가지를 덮어 알을 보호하고 나뭇가지가 썩는 열로 알을 부화하는 악어도 있어. 악어 가운데도 새끼를 어느 정도 보호하는 종이 있단다.

마지막으로 파충류는 특별히 눈이 발달했어. 동물이 무척추동물-척추동물-곤충-양서류-파충류-새-포유동물로 발달하면서 몸의 안팎과 생리가 변해. 예컨대, 알이나 새끼를 많이 낳거나 조금 낳으면 죽지 않도록 잘 길러야 한단다. 나아가 어미가 죽지 않고 후손을 남기려면 먹이나 외부의 천적을 재빨리 알아보고 외부 환경도 잘 알아야 한단다.

그러려면 외부의 자극에 대한 감각기관이 발달해야 돼. 그 가운데서도 잘 알다시피 눈이 특별히 좋아야 한단다. 그러므로 눈은 캄브리아기에 나온 거의 모든 동물들에게도 있었어. 예를 들어 삼엽충은 100개가 넘는 작은 눈이 모인 큼직한 복눈(복안, 複眼)이 머리 양쪽에 있었단다. 눈은 당연히 양서류-파충류에도 있었고 점점 발달했어.

처음의 눈은 바깥의 밝기나 빛이 있는지 없는지 정도를 구별했지만 나중에는 상대방의 모양과 움직임을 알기 시작했단다.

처음에는 윤곽 정도만 보였으나 점점 분명하게 보이기 시작했고 새-포유동물로 들어서면서는 더욱 상세한 부분도 보이기 시작했고 몇 가지 색깔도 알아볼 정도로 발달했단다. 사람의 눈은 아주 발달해, 색깔의 경우 진하고 옅은 색조를 2천 가지 넘게 구별할 정도로 예민해. 그러나 사람은 시각이 발달하면서 후각이 떨어졌어. 반면 개는 많은 색깔은 구별하지 못해도 후각은 아주 예민해.

이런 특징을 가진 최초의 파충류는 주로 곤충을 먹고 살았으며 크기도 작았어. 그러나 다음에 나온 초식 파충류는 풀을 먹었고 이어서 초식 파충류를 잡아먹는 육식 파충류가 나왔지. 처음의 파충류는 대부분의 양서류처럼 작은 이빨이 아주 많았단다.

그러나 시간이 가면서 물고기와 다른 파충류를 포함해 큰 먹이를 먹도록 진화되면서 이빨은 커지고 곤충을 물기에 좋은 원추형으로 단순하게 되었어. 초기 파충류의 이빨은 뾰족해서 먹이를 잡기에는 좋았지만 씹기에는 좋지 않았단다(파충류는 먹이를 씹지 않아). 게다가 찬피 파충류의 이빨은 잇몸에 그냥 붙어 있어 아주 약했어. 그러므로 먹이가 저항하면 이빨이 빠지고 먹이가 달아날 수도 있었단다.

파충류와 그 다음에 나온 동물들은 큰 발전을 했어. 바로 제대로 된 허파가 생긴 거야. 제대로 된 허파가 없는 양서류는 피부로 숨을 쉬어. 그러나 악어나 거북은 허파가 좋아 물속에 꽤 오래 있어. 그러면서 물속에 숨어서도 먹이를 잡을 수 있게 되었단다.

나아가 심장과 신경도 발달했어.

현재 지구에는 9,800종 정도의 파충류가 있으며 그 가운데 9,200종 정도가 도마뱀과 뱀으로, 각각 5,800종 정도와 3,400종 정도가 조금 넘어.

## 공룡의 사생활

### 육지의 제왕, 공룡

날카로운 이빨을 드러내며 노려보는 티라노사우루스는 생각만 해도 소름이 돋아. 그렇지?

공룡은 중생대 초인 지금부터 약 2억2천5백만 년 전에 나타난 동물이란다. 그 후 중생대 말에 멸종할 때까지 약 1억 6천만 년 동안 지구 위를 휩쓸고 다녔어. 실제 당시

초식공룡인 브라키오사우루스는 북아메리카 쥐라기
지층에서 발견되며 몸집이 아주 크고 목
이 대단히 긴 반면 머리는 작다.
사진은 시카고 자연사 박물관
앞의 브라키오사우루스 상.

에는 양서류나 악어 조상 정도가 있었으나 공룡과는 상대가 되지 않았단다. 공룡의 조상은 중생대 초기에 있었던 파충류 가운데 발달한 파충류(아코서)로 생각돼. 이 파충류는 그보다 앞섰던 찬피 파충류가 없어지면서 아주 빨리 발전했단다. 더운피 공룡도 있었다고 생각되는 공룡은 단단한 껍데기로 싸인 알을 낳는다는 점에서는 파충류로 분류된단다.

상당수의 공룡은 두 다리로 설 수 있었어. 그러므로 걸음이 빨랐고 앞다리를 써서 먹이를 꽤 쉽게 잡았단다. 또 공룡의 이빨은 잇몸에 박혀 있어 아주 튼튼했어. 그러나 먹이를 물고 찢기만 했지 씹는 이빨은 아니었단다. 또 공룡은 뱀이나 악어와는 달리 골격이 커지고 달라져 배와 몸을 들고 네 다리로 걸어 다니거나 두 다리로 뛰어 다녔단다. 공룡의 다리는 튼튼해서 몸을 잘 받쳤고 꼬리가 강해 몸의 균형을 잡기에 좋았어.

네 다리로 기어 다녔던 초식공룡은 등에 나 있는 가시 갑옷 또는 코나 머리에 나 있는 뿔 따위로 자신을 보호했고 곤봉 같은 꼬리로 공격했단다. 초식공룡은 나뭇잎을 훑어서 뜯어먹거나 잘라먹었던 것 같아.

반면 두 다리로 설 수 있는 육식공룡은 주로 뒷발로 먹이를 공격했을 거야. 육식공룡들은 아주 빨리 달릴 수 있도록 뒷다리가 길어지고 근육이 발달했으며 무리를 지어 큰 초식공룡을 공격했다고 생각돼. 육식공룡은 몸은 작아도 입을 크게 벌릴 수 있어, 중생대 말에 발전했던 가장 무서운 공룡인 티라노사우루스는 상

티라노사우루스 머리뼈. 머리는 크지만 앞다리는 아주 작았던 백악기에 있었던 육식공룡의 단도 같은 이빨들이 듬성듬성 난 머리뼈이다. 사진은 피츠버그 카네기 자연사 박물관의 티라노사우루스 대표 표본이다.

당한 크기의 먹이를 한입에 삼켰던 것으로 보인단다. 사람으로 말하면, 웬만한 개를 삼킬 수 있을 정도로 입이 커졌어.

### 공룡의 알 낳기

공룡의 발자국 화석에 남은 발톱 모양으로 식성과 행동을 상상한단다. 육식공룡들은 초식공룡의 새끼들을 공격했고 어미 초식공룡들은 새끼를 무리 가운데에 두어 그들을 보호했다는 것을 알 수 있어.

또 초식공룡은 어미가 간혹 데리고 나가 먹이를 먹였던 것으로 보여. 오늘날 어미닭을 따라다니는 병아리를 생각하면 돼. 반면 육식공룡은 어미가 먹이를 가져왔던 것으로 보여. 아마도 사냥을 하기에는 새끼가 너무 어려서 데리고 다니지 못했겠지. 오늘날 아프리카 들개도 그렇게 한단다.

공룡은 알을 낳았지만 새처럼 어미의 체온으로 알을 부화시킨 것 같지는 않아. 그래서 공룡알은 달걀처럼 갸름하지 않고 완전히 둥글거나 아니면 한쪽이 다른 쪽보다 좀 더 둥그스름해. 하지만 공룡이 알을 아무렇게나 낳지 않고 한 줄로 또는 둥글게 정렬했다는 점은 특이하지.

초식공룡은 악어나 거북 같은 지금의 파충류와는 달리 먹이를 따라서, 또는 살기 좋은 기후를 따라서 이동했던 것으로 보여, 지금의 파충류와는 살아가는 습성이 달랐다고 생각돼.

### 공룡의 식사법

육식공룡은 상어나 악어처럼 한 입에 먹이를 잘라먹었을까 아니면 씹어 먹었을까?

육식공룡은 같은 육식동물인 악어나 상어와 달리, 먹이를 한 입에 잘라먹지 못했어. 먹이를 몇 번 물어서 끊어 먹었단다. 그런 건 어떻게 알 수 있냐고? 육식공룡의 이빨을 보면 금방 알 수 있단다. 육식공룡의 이빨은 악어나 상어의 이빨과는 달리 듬성듬성 나 있어. 실제 육식공룡의 화석이나 그림을 잘 보면 이빨이 빽

빽하게 나 있지 않아. 그러므로 먹이를 한입에 잘라먹기에는 좋지 않아.

대신 먹이를 쓰러뜨린 다음, 배나 엉덩이처럼 고기가 많은 부분은 몇 번 물어서 고기와 작은 뼈를 끊고 어느 정도 끊어지면 당겨서 잘라먹었거나 찢어먹었단다. 그렇게 먹으면 큰 뼈도 부스러지고 깨져서 소화시키기에도 좋게 돼. 물론 먹이의 뼈에는 구멍이 뚫리고 뼈가 깊게 파이고 긁힌단다.

뼈가 크고 살이 얇게 덮인 부분, 예를 들어, 등뼈의 뒤쪽 부분은 앞니로 갈아먹었단다. 등뼈에는 구멍이 뚫리거나 큰 흔적은 없지만 이빨에 긁힌 자국이 많아서 그렇게 생각하는 거란다. 대신 먹이의 내장은 어렵지 않게 당겨서 찢어 먹었을 거야.

또한 육식공룡에게 뜯어 먹힌 먹이의 뼈에 남은 흔적을 통해서도 먹이를 끊어서 먹었다는 것을 알 수 있어. 먹이의 뼈 화석에서는 불규칙하거나 10센티미터 정도 간격으로 여러 개의 이빨 구멍이나 긁힌 흔적을 확인할 수 있거든. 만약 악어나 상어처럼 한 번에 잘라먹었다면 이빨 흔적이 그렇게 많지 않을 거야. 그러나 이빨의 흔적이 많으면 수십 개나 있는 수도 있단다.

아주 드물지만 육식공룡의 이빨이 먹이에 남아 화석이 되는 수도 있단다. 몬태나 주에서 발견한 공룡 다리뼈 화석에 박혀 있는 티라노사우루스 계통의 공룡 이빨이 좋은 예야. 아마도 먹이의 다리를 너무 세게 씹다가 이빨이 빠졌나 봐. 육식공룡은 이빨이 듬성듬성 나서 이빨끼리 받쳐주는 힘이 없고 이빨이 뼛속에 워낙 깊이 박혔고 육식공룡이나 먹이의 자세에 따라서는 이빨이 쉽게 빠질 수도 있다고 보아야 돼.

반면에 초식공룡은 풀이나 나뭇잎을 뜯어먹고 살았어. 그런 점에서 오늘날 코끼리나 기린이나 소나 양 같은 초식동물과 비슷해. 그러나 공룡의 턱은 상하운동만 해서, 먹이를 상하-전후-좌우로 씹는 포유동물과는 달라.

한편 공룡은 식성에 상관없이 몸통 화석에서는 위석(胃石), 즉 작은 자갈들이 나온단다. 육식공룡은 위석으로 뼛조각을 으깨고 초식공룡은 섬유질 먹이를 으깨었던 것으로 생각돼. 새의 뱃속에도 위석이 있단다. 새가 많이 먹는 단단한 곡식 알갱이를 부수려면 그보다 더 단단한 게 필요해.

### 신기한 공룡 화석

신기한 공룡 화석들도 있어. 공룡의 몸 속에 다른 동물의 화석이 들어 있는 수가 있겠지? 예를 들면, 공룡이 다른 동물을 잡아먹었는데 먹힌 동물의 뼈가 소화되기 전에 공룡이 죽어 화석이 되었다면 두 동물의 뼈가 함께 나올 거야. 그런 화석이 있을까?

쥐라기 후기에 살았던, 칠면조 크기인 작은 육식공룡인 콤프소그나투스는 두 발로 가볍게 뛰었으며 무리를 이루어 살았다.

실제 그런 화석이 있단다. 독일 졸른호펜 석회암이라고, 시조
새가 나왔던 그 석회암에서 아주 보존이 잘 된 육식공룡(콤프소
그나투스)의 화석이 발견되었어. 이 공룡은 길이가 60센티미터
에 몸무게 3킬로그램 정도의 작은 육식공룡이야. 그런데 놀랍게
도 그 공룡의 배에는 도마뱀 뼈가 화석이 되어 들어 있었단다. 공
룡이 그 도마뱀을 먹었던 거야. 도마뱀의 등뼈와 갈비뼈가 그보
다 훨씬 큰 갈비뼈 사이에 들어 있어. 큰 놈이 작은 놈을 먹었다
는 것이 너무나 확실해. 이 육식공룡(콤프소그나투스)도 작지만
더 작은 도마뱀을 한입에 꿀꺽 삼켰던 거야.

그와 비슷한 경우가 또 있단다. 바로 미국에서 나온 3미터 길
이의 육식공룡(콜레오피시스)의 가슴 속에서도 작지만 같은 종
의 공룡뼈 2마리 분이 나왔단다. 처음에 학자들은 이 공룡이 난
태생을 한다고 생각했어. 말하자면 2마리를 어미 몸속에서 부화
한 새끼로 본 거야. 같은 종이고 크기가 작으니까 그렇게 생각할
만도 했어. 그러나 그 후 새로운 해석이 나왔단다. 그 작은 것 두
마리는 새끼가 아니라 큰 놈이 잡아먹은 먹이였던 거야. 그것을
어떻게 알았을까?

작은 동물의 뼈를 자세히 조사해 보니그 뼈들이 너무 컸거든.
예를 들어 다리뼈를 보면 안에 있는 것의 뼈가 밖에 있는 뼈의 3
분의 2 정도 크기야. 다른 뼈들도 마찬가지였단다. 다시 말하면,
새끼의 뼈가 어미의 뼈에 견주어 너무 컸던 거야. 안에 있는 뼈들
은 새끼가 아닌 거지. 결국 큰 놈이 작은 놈을 삼켰던 거야. 산 것

을 잡아먹었든 죽은 것을 주워먹었든 동족을 먹었던 거야.

깃털이 난 공룡을 본 적 있어? 최근 중국 동북부지방 랴오닝(遼寧) 성에서는 아주 귀한 화석들이 발견되었단다. 바로 몇 종의 깃털이 난 공룡 화석이야. 그 공룡들은 비늘로 덮인 파충류와 완전히 다르단다. 깃털이 난 공룡 가운데 중국새 공룡은 앞다리에 깃털이 있고 그 깃털은 요즘 새의 깃털과 모양이 아주 비슷하단다. 그런 점에서 아주 발달된 깃털이 달려 있어. 중국새 공룡은 중국시조새 공룡보다 상당히 크지만 등과 꼬리에는 깃털이 있는 게, 중국시조새 공룡과 아주 비슷해.

꼬리시조새 공룡은 칠면조 정도의 크기이고 앞다리에는 비대칭인 깃털이 있단다. 비대칭인 깃털은 날아가는 데 쓰는 깃털이야. 또 등과 꼬리에는 다른 깃털 난 공룡처럼 깃털이 있어.

'귀씨 작은 도둑*Microraptor gui*'이라고 부르는 공룡의 깃 하나하나는 새의 날아가는 깃처럼 좌우가 대칭이 아니어서 마치 '날개'처럼 보여. 게다가 깃의 모양은 새의 날아가는 데 쓰는 깃처럼 끝으로 갈수록 비대칭의 정도가 커. 또 화석에서는 깃털이 앞·뒷다리의 뒤쪽 방향으로 가지런히 상당히 길게 나 있어. 이 공룡은 깃털이 난 공룡 가운데 앞·뒷다리에 비대칭의 깃털이 있는 최초의 공룡이란다.

꼬리가 긴 이 공룡 화석을 복원한 그림을 보면 앞·뒷다리의 뒤쪽으로 널찍한 깃털이 있고 긴 꼬리의 끝에도 널찍한 깃털이 있어. 깃털의 구조로 보아 이 화석의 주인공은 새처럼 날지는 못했어도 하늘다람쥐처럼 하늘을 미끄러졌던 것으로 보여.

1억2천만 년 된 이 공룡들에게 새의 날아가는 깃털이 있다는 점에서 공룡도 새처럼 발달된 깃털이 있다는 것을 알 수 있어. 그러나 이들이 시조새보다 뒤에 나온 것으로 보아, 그 공룡들은 공룡대로 살다가 사라졌다고 생각돼.

위에서 말한 털 있는 공룡들은 크기가 작단다. 그러나 2012년에는 길이가 9미터나 되는 아주 큰 털이 난 공룡의 화석이 발견되었어. 바로 랴오닝 성에서 발견된 같은 종 두 마리의 완전한 공룡 화석에서는 길이가 20센티미터에 이르는 털을 확실히 알아볼 수 있단다. 육식공룡인 이 공룡은 유티라누스 후알리*Yutyrannus huali*라고 라틴어와 중국어를 섞어서 이름을 지었어. '털이 난 아름다운 공룡'이라는 뜻이란다. 이 화석이 나온 지층의 나이는 1억 2,500만 년 전의 지층으로 당시가 상당히 추웠다는 것을 보여준단다.

### 공룡의 최후

공룡은 중생대가 시작하면서 나타나기 시작해 천천히 많아지다가 백악기에 갑자기 크게 많아졌단다. 실제 백악기에 들어서자 무서운 티 렉스를 비롯해 머리가 아주 단단한 공룡과 오리부리공룡과 이구아노돈과 트리케라톱스와 그 후손들이 많아졌단다. 백악기란 잘 알다시피 중생대 말로 1억 4,550만 년 전~6,550만 년 전까지야.

스테고사우루스 화석(맨 위)과 트리케라톱스 골격 화석(위). 트리케라톱스는 머리 양쪽의 뿔과 콧잔등에 있는 뿔을 합쳐서 뿔이 3개다.

백악기에서도 마지막 5,500만 년 동안에 수많은 공룡들이 나타났단다. 이 가운데 오리부리공룡과 이구아노돈과 트리케라톱스와 그 후손들은 큰 변동이 없었지만 나머지 공룡들은 백악기 마지막 1,500만 년 동안에 아주 많아졌어. 그러므로 흔히 생각하듯이, 백악기 말에 공룡들이 완전히 없어졌으니까, 그 전부터 천천히 없어지기 시작하다가, 백악기 말에 마지막 한 마리가 없어졌다고 생각하는 것은 옛날 생각이란다. 공룡들은 크게 발전하다가 한순간에 갑자기 모조리 없어졌어.

백악기 마지막 1,500만 년 전은 지금부터 8천만 년 전이야. 왜 1억~8천만 년 전부터 공룡들이 갑자기 많아졌을까?

여러 가지 설명이 가능하겠지만, 그때는 지구 역사상 마지막으로 대륙이 이동했던 시기로 약 1억 년 전에 남아메리카-아프리카-유라시아 대륙이 완전히 갈라졌단다. 그러면서 해류도 바뀌고 바람과 비가 크게 달라졌고 그에 따라 기후가 크게 바뀌었고 식물도 바뀌었어. 그러면서 동물들이 살아갈 새로운 자리가 생겼고 공룡도 많아졌다고 생각돼.

또 그때 고생물에서 중요한 일이 일어났단다. 곧 몇 대륙에 각각 특징이 있는 원시 포유동물들이 나타났던 거야. 바로 남아메리카의 빈치류, 아프리카의 여우원숭이, 그리고 유라시아 대륙의 원시 태반동물이란다. 신생대에 크게 발전할 동물들이 선을 보이기 시작한 거야.

## 하늘의 제왕, 익룡

중생대 하늘을 날았던 익룡을 알지?

익룡은 약 2억 2,500만 년 전에 나온 동물이야. 처음 나온 익룡은 아주 작아 30센티미터 정도였어. 꼬리도 있었지. 그러나 시간이 가면서 커져 백악기 말에는 12미터 정도의 작은 비행기 크기가 되었단다. 익룡은 하늘을 날아다닌 최초의 척추동물로 몸은 털로 싸였던 것으로 보여. 또 꼬리가 없거나 작아졌으며 새를 포함해 날아다닌 동물 가운데 가장 큰 동물이었단다.

익룡은 날갯짓을 해서 땅에서 하늘로 날아오르기보다는 높은 데에서 떨어지면서 공중으로 떠올랐던 것 같아. 공중에서는 상승하는 공기의 힘으로 날개를 치지 않고도 떠 있는 콘도르처럼 떠 있었던 것으로 생각돼. 물론 간간이 날개를 쳤겠지만 그런 경우는 그리 많아 보이지 않는단다. 익룡의 다리는 약했지만 날개와 앞다리의 발톱은 강해서 매달려 있기에는 좋았어. 또 익룡의 머리에는 관 같은 것이 있다는 점도 새와 달라. 그 관의 용도는 아직 잘 몰라서 상상만 하고 있을 뿐이란다.

한때 익룡은 하늘을 날 때, 위에서 말한 대로 날개를 거의 치지 않았던 것으로 생각했던 적이 있었어. 익룡의 가슴뼈가 너무 작고 가슴뼈에는 날개 근육이 붙었던 흔적이 없거든. 익룡이 큰 날개를 움직였다면 엄청난 근육이 있어야 하는데 그런 증거가 없단다. 날 때에는 언덕 위에서 마치 행글라이더처럼 날개를 펴 바람을 받아 뜨고 내릴 때는 날개를 천천히 접었다고 생각했어.

그러나 요즘은 익룡이 날개를 쳤을 거라고 보고 있어. 익룡의 어깨뼈와 팔뼈가 강한 근육을 지탱하기에 충분하다는 것이 요즘 학자들의 생각이야. 껍질이 포유동물의 털과 비슷한 털로 된 익룡도 있었던 것으로 보여. 그러므로 익룡은 더운피동물일 가능성도 있고 몸의 신진대사율도 높아 많이 움직였다고 생각돼. 얇은 막으로 된 익룡의 꼬리는 방향을 바꾸는 데는 쓰이지 않고 날아가는 높이를 조절하는 데에 쓰였을 거야. 1980년대 중반에 영국과 미국에서는 익룡 모형을 만들어서 실제 하늘로 날려보기도 했단다.

익룡은 중생대에 하늘을 날았던 파충류로 뼈는 속이 비어 아주 가볍고 앞발의 넷째 발가락이 아주 길게 늘어나 날개를 만든 막을 지탱했다. 익룡은 뼈나 발자국을 화석으로 남겼다.

참, 익룡이 땅 위에서 어떻게 걸었는지는 여전히 풀리지 않는 의문이란다. 다리를 구부리고 뒷발과 날개를 접어서 날개의 가운데 앞에 난 3개의 발톱으로 아주 불편하게 걸었다는 주장도 있고 그러면서도 재빠르게 걸었다는 주장도 있어.

익룡은 주로 높은 데에 살았지만 땅에서 어떻게 날아올랐는가도 흥밋거리야. 가볍게 제자리에서 날아오르지는 못했고 신천옹이나 콘도르처럼 날개를 편 채 상당한 거리를 달려가다가 날아올랐다는 주장도 있어.

익룡의 이빨을 보면 식성에 따라 물고기나 동물성 플랑크톤을 잡아먹었던 것으로 보여. 익룡도 알을 낳았다고 생각되지만 화석으로는 거의 나오지 않는단다. 아마도 알껍데기가 아주 약했거나 화석이 되기에 좋지 않은 곳에 알을 낳았던 것 같아. 어쩌면 알 속에서 다 큰 새끼를 낳았을지도 몰라. 곧 난태생을 했을지도 몰라. 익룡도 크게 보면 파충류에 속한다고 볼 수 있지만 악어나 도마뱀과는 다르고 공룡과도 다르다는 주장이 우세하단다.

익룡은 몇몇 부분에서는 새와 비슷하고 또 몇몇 부분에서는 달라.

비슷한 점은 뼈 속이 비어 몸무게를 줄였다는 점이야. 또 새처럼 뼈들이 유착돼, 말하자면 뼈들이 붙어 몸이 유연하지 않았던 거지. 차이점은 익룡의 날개는 네 번째 발가락이 늘어나 몸과 그 발가락을 연결한 얇은 막이 날개 구실을 하므로 깃털로 된 새의 날개와는 완전히 다르다는 점이야. 피부가 날개뼈에 걸쳐 있으면서 날개 사이의 피부를 지탱하는 뼈가 없어. 또 익룡의 뼈는 새의 뼈보다 아주 가늘고 얇아. 그러므로 새 화석을 공부하는 사람은 뼈만 보고도 그 주인공이 익룡인지 새인지 금방 알 수 있단다.

### 바다의 제왕, 어룡과 장경룡이

어룡이라고 들어본 적 있지? 어룡은 글자 그대로 설명하면 '물고기용'이라고 생각해서, 물고기를 생각하기 쉽지만, 실제는 바다에서 살았던 파충류란다. 어룡의 겉모습은 돌고래를 닮았고 특별히 목이라는 게 없이 머리가 몸과 연결되었단다. 앞다리와 뒷다리는 노처럼 되어 물속에서 살기에 알맞아. 길고 튼튼한 꼬리를 좌우로 치고 몸을 앞뒤로 움직여 앞으로 나갔단다.

어룡은 쥐라기에 아주 많았어. 독일 남부지방에서는 보존이 아주 잘된 어룡 화석이 많이 나왔단다. 어룡의 머리뼈는 아주 길어 턱도 길었고 튼튼한 이빨이 많았어. 길이가 3미터나 되고 물고기나 물에 있는 다른 동물들을 잡아먹고 살았단다. 입이 아주 커서 큰 먹이를 쉽게 먹었던 것 같아. 어룡은 물속을 아주 빠르게 헤엄쳤다고 생각돼.

신기한 것은 어룡이 난태생이라는 점이야. 실제 새끼를 낳다가 화석이 된 어미도 있고 먼저 나온 새끼가 어미 근처에서 헤엄치다가 화석이 되기도 했단다. 또 뱃속에 새끼가 들어 있는 어미 화석은, 처음에는 새끼를 잡아먹었다고 해석했지만 지금은 그렇게 생각하지 않아. 어룡이 물속에서 새끼를 낳았다는 점을 보면,

오늘날 고래가 물속에 적응한 정도로 물속 생활에 적응한 것으로 보여. 어룡 새끼는 나오자마자 헤엄을 쳤으며 물고기나 다른 파충류를 잡아먹었단다.

어룡의 콧구멍은 아주 뒤로 밀려가 머리 꼭대기에 있어서 물속 생활에 잘 적응하게 되었어. 또 힘차게 물을 뿜으면 마치 고래가 물을 뿜는 것처럼 보였을 거야. 어룡은 허파로 숨을 쉬었기 때문에 간간이 공기를 마셨단다. 물속 생활에 훌륭하게 적응해서 물을 떠나는 일이 거의 없었을 거야.

어룡의 한 부류는 이빨이 넓적해져 당시 물속에 많았던 암모나이트를 깨어먹기에 좋게끔 진화된 것으로 보여. 또 한 부류는 지금의 칼고기처럼 아래턱은 짧아지고 위턱은 길고 날카로워져서 물고기나 오징어 같은 연체동물을 잡아먹기 좋았을 거야.

한편, '목이 긴 도마뱀'이라는 뜻의 장경룡은 어룡처럼 바닷속에서 살았던 파충류의 일종이야. 보통 길이가 4.5미터 정도였으며 넓적하고 몸은 평평했어. 목이 몸길이 정도인 장경룡은 길고 부드럽게 움직이는 목으로 물고기 떼를 따라가 머리를 좌우로 흔들면서 물고기를 잡아먹었던 것으로 보여. 그러나 몸길이에 비해 머리가 너무 작아 큰 먹이를 먹지는 못했다고 생각돼. 큼지막한 4개의 지느러미는 넓적한 노 같아 앞뒤로 헤엄칠 수 있었고 심지어 제자리에서 빙빙 돌 수도 있었던 것 같아.

장경룡이 나타난 다음 곧 크게 두 부류로 나뉜 것으로 보여. 한 부류는 목이 짧고 머리가 긴 반면, 다른 부류는 머리가 작고

어룡은 바다물속 생활에 적응했던 파충류로 몸집은 상어나 돌고래와 비슷하다. 쥐라기에 번성했던 어룡은 앞다리와 뒷다리가 노처럼 되어 있어 물속에서 살기에 적합했고, 길고 튼튼한 꼬리를 좌우로 치면서 앞으로 나아갔다. 어룡은 입이 아주 커서 큰 먹이도 쉽게 잡아먹을 수 있었던 것으로 추정된다.

목이 아주 길었단다. 나중에는 몸도 아주 커져 머리뼈만 3.7미터 정도, 몸길이는 12미터, 작은 고래보다 더 큰 장경룡도 있었어. 그러나 몸길이의 반 이상이 머리와 목이야. 장경룡이라는 이름은 바로 이런 부류에서 나왔단다.

　이 장경룡도 어룡과 거의 같은 시기인 중생대 트라이아스기 말부터 쥐라기에 많았으며 중생대가 끝날 때 멸종했어. 장경룡의 화석은 유럽과 남아메리카와 북아메리카에서도 나오며 오스트레일리아에서는 아주 큰 장경룡의 화석이 나왔단다.

　어룡과 장경룡은 같은 시기에 바닷속에서 살면서 서로 같은 먹이를 놓고 싸웠다고 상상돼. 어룡이 장경룡의 긴 목을 물어뜯는 그림도 있는데, 정말로 그렇게 싸웠는지는 잘 모르겠어. 이는

# 공룡은 절벽을 기어올라갔다?

공룡의 발자국 화석은 가끔 가파른 곳에서도 발견된단다. 실제 경상북도 의성군 제오리의 공룡 발자국은 50가 넘는 비탈에 나타나. 아르헨티나에서는 공룡 발자국 화석은 거의 90도의 절벽에서 나와. 그렇다면 공룡은 거미인간(스파이더맨)처럼 절벽에 붙어서 걸었을까? 대답부터 먼저 하자면, "그렇지 않다"야. 그렇다면 왜 그런 절벽에서 공룡의 발자국 화석이 나올까?

공룡은 평탄하고 부드러운 지면을 걸으면서 발자국을 남겼단다. 그러나 이후 조산운동으로 그 지역의 지층이 휘어지면서 언덕이나 절벽이 되었던 거야. 공룡의 발걸음이나 걷는 습성과는 아무런 상관없이 훗날의 조산운동으로 그렇게 된 거란다. 조산운동이란 얕은 바다에 쌓인 모래와 자갈이 높은 산이 되는 지구 껍데기의 운동이야.

경상남도 고성 부근 바닷가에 있는 공룡 발자국 화석.
망치와 비교하면 크기를 짐작할 수 있다.

아마도 어룡의 머리와 입이 장경룡에 견주어 너무 커서 그렇게 상상했던 것으로 보여. 그러나 화석으로 보아서는 어룡이 장경룡보다 훨씬 더 단단하게 보인단다. 또 장경룡이 긴 목을 바다에서 빼 올려, 수면 가까이 날아가던 익룡의 날개를 물어뜯는 그림도 있지만, 그림을 그린 사람의 상상력으로 생각돼.

## 그 밖의 파충류의 사생활

### 거북은

현재 악어를 포함하여 지구에 있는 파충류는 고생대 말기에 나타났으며 중생대 트라이아스기에 갑자기 발전했어. 그러나 화석이 많이 나오지 않아 나타난 자세한 시기나 발달 과정은 분명하지 않아.

먼저 거북이 가장 먼저 나타났다는 것은 알았으나 어떻게 발전했는지 잘 몰랐단다. 다만 화석이 나온 지층이 후기 트라이아스기라 시기가 2억 2천만~2억 년 전이라고만 생각했어.

그러나 최근 중국 남서부 구이저우(貴州) 성에서 발견된 거북 화석은 그보다 더 오래 되었고 따라서 최초의 거북으로 보여. 곧 후기 트라이아스기인 2억 2천만 년 된 지층에서 발견되었기 때문이야. 단지 이 화석은 배껍데기는 있는데 등껍데기는 없어서 유감이야. 배껍데기는 넓적하고 좌우 대칭이며 10개 정도의 껍

아첼론은 백악기 후기의 얕은 바다에서 살았던. 몸길이 4미터가 넘으며 대단히 큰 바다 거북이다. 아첼론 거북 복원 사진(위)과 예일 대학 예일 피바디 박물관에 있는 아첼론 거북 화석(위 오른쪽).

데기가 배를 덮었어. 옛날 거북은 지금의 거북과 달리 꼬리도 상당히 길어서 몸 전체의 4분의 1 정도는 돼.

아래턱과 위턱에는 수십 개의 이빨도 알아볼 수 있어. 화석 거북과 오늘날 거북에게는 이빨이 없다는 점에서 이 화석 거북은 특이해. 그러므로 이 화석을 발견한 중국학자들은 이 거북을 '이빨 있는 거북'이라고 이빨을 강조한 이름을 붙였단다. 참, 거북의 등껍데기는 갈비뼈의 양 옆 부분이 늘어나고 등뼈의 옆 부분이 뼈가 되어 생긴 것으로 보고 있어. 이는 현재 거북의 알 속에서 껍데기가 생기는 것과 같단다. 우리가 흔히 상상하듯이 뼈로 된 피부들끼리 붙어서 껍데기가 생기지는 않아.

이 거북 화석이 나온 지층은 해안 가까운 바다에 쌓인 지층이란다. 그 지층에서는 바다에서 사는 무척추동물과 파충류 화석도 발견되었지만 거북 화석이 나온 건 처음이야. 그러므로 이 거북은 연안이나 강의 하구에서 살았던 것으로 보여.

약 8천만 년 전에 나타난 거북 아첼론은 크기가 3미터 정도이며 무게는 거의 1톤이나 되었어. 한편 해마다 코스타리카의 해안에서 알을 낳는 수 만 마리의 코스타리카 거북은 4천만 년 전에 나타났어.


악어는

아프리카 케냐에서 강을 건너가는 얼룩말을 공격하는 악어는 정말이지 흉측하고 무시무시한 동물이야. 무서운 악어는 언제 지구에 나타났을까?

악어 계통의 동물은 약 2억 년 전인 트라이아스기 말기에 지상에 나타났어. 악어의 먼 할아버지격인 이 동물은 육식 파충류로 다리가 길었고 몸은 뼈처럼 단단한 껍데기로 덮여 있었단다. 크기는 60센티미터쯤 됐어. 주로 육지에서 살았지만 물속 생활에도 상당히 적응했던 것 같아. 이 화석은 북아메리카 애리조나 주와 남아메리카 아르헨티나, 그리고 남아프리카 레소토에서 발견돼. 영국과 중국에서도 이 동물의 화석이 나와.

최초의 악어는 1억 9천만 년 전인 쥐라기 초기에 멸종되었고, 몇 부류의 후손이 나타났단다. 그 가운데 하나가 독일에서 발견된 보존이 아주 잘된 화석이야. 이 악어 조상은 주둥이가 길어서 가비알 악어처럼 보이지만 가비알과는 관련이 없고, 1억 2천만 년 전 백악기 초기의 중엽에 멸종되었단다. 가비알이란 인도 갠지스 강과 인더스 강에 사는 주둥이가 가늘고 긴 악어야.

쥐라기 중기에 접어들면서 이 악어 계통에서 악어 같지 않은 악어 계통의 동물이 나타났어. 단단한 껍데기가 전혀 없고 다리가 지느러미가 된 악어의 조상이지. 등뼈 끝은 아래로 휘었어. 그러나 독일에서 나온 보존이 잘된 이 동물의 화석으로 보건대, 휜 등뼈 위에 오늘날의 상어 꼬리지느러미와 비슷한 지느러미가 있었던 것으로 보여. 이 동물은 바다 생활에 적응해서 백악기 초기에 멸종되기 전까지 크기가 4~5미터 정도까지 커졌단다. 하지만 그 다음에 나타난 악어 계통의 파충류는 바다 생활에 잘 적응하

사진 왼쪽 위부터 가비알, 크로커다일, 앨리게이터. 가비알은 주둥이가 가늘고 긴 악어로 인도에만 있으며 주로 물고기를 먹고 산다. 크로커다일은 아프리카, 아시아, 남북 아메리카, 오스트레일리아에 있는 악어로 주로 물고기, 파충류, 포유동물을 먹고 산다. 앨리게이터는 중국과 미국에만 있는 악어이며 주로 습지나 늪지에서 산다.

지 못했어. 이 동물은 유럽 대륙과 남아메리카 대륙 부근의 바다에서 살았단다.

독일 바바리아 지방에서 나오는 검은 석회암에서 발견된 화석으로 보아, 길이 40센티미터 정도로 작지만 동작이 아주 빨랐던 육식동물이 오늘날 악어의 조상으로 보여. 이 동물에서 백악기 초기가 막 시작될 때, 크로커다일 악어가 발달한 것으로 보여. 크로커다일이란 아프리카에 있는 머리가 삼각형인 악어야. 또 백악기 초기 중간쯤에 앨리게이터 악어가 나온 것으로 보여. 앨리게이터 악어란 미국 남동부지방에 사는 악어야. 악어의 조상은 백악기 초기 가운데쯤에 멸종되었단다.


뱀은

뱀이란 말만 들어도 무섭고 소름이 돋도록 싫지?

우리가 잊고 있는 놀랄 만한 사실 가운데 하나는 뱀이 다리는 없지만 도마뱀의 일종이라는 사실이란다. 생각해보면 맞는 이야기야. 도마뱀이 네 다리가 없고 몸이 길어진다면 뱀과 같아져. 또한 뱀 가운데 살모사처럼 새끼를 낳는 종도 있지만 주로 알을 낳고, 몸은 비늘로 덮이고, 찬피동물이고, 기어 다닌다는 점에서 뱀은 도마뱀과 똑같아.

잘 알다시피 뱀은 찬피동물이라 기온이 낮으면 행동이 아주 둔해져. 그래서 아침 햇살을 어느 정도 받아 몸이 따뜻해져야 잘 움직일 수 있단다. 뱀은 추운 겨울에는 동면을 해서 넘기고 아주 건조하고 더운 여름에는 하면을 해서 넘긴단다. 곧 뱀은 진흙 속이나 땅속에서 움직이지 않고 비가 오기를 기다리는 거야.

뱀은 백악기 초기인 1억 4천만 년 전에 나타나. 파충류로는 상당히 늦게 나타난 셈이야. 그러나 뱀과 도마뱀의 종이 약 9,200종이나 되어 뱀은 크게 늘어났다고 볼 수 있어. 또 뱀은 남극 대륙이나 북극처럼 아주 추운 곳 말고는 풀밭과 숲속과 산악지대는 말할 것도 없고 열대 바다와 사막을 포함하여 모든 지역에서

뱀은 파충류 가운데 비교적 늦은 백악기 초기에 나타났지만 지구상 대부분의 지역에서 적응하여 종 자체가 크게 번성했다. 사진은 이탈리아의 몬테 볼카에서 발굴한 뱀 화석으로 베를린 자연 박물관이 소장하고 있다.

살고 있단다. 또 동남아시아에는 몸을 납작하게 만들어서 공중
을 미끄러지는 뱀도 있고 열대바다에는 물뱀도 있어, 사는 방법
을 개발했고 사는 지역을 크게 넓혔어.

# 화석 악어 vs 오늘날 악어

화석 악어와 오늘날 악어의 뼈 구조는 크게 2가지가 다르단다. 하나는 콧구멍의 위치야. 살아 있는 악어의 콧구멍과 입 공간은 서로 떨어져 있어서 바깥 콧구멍이 위턱의 끝에 있고, 속 구멍이 머리 뒤쪽에 있어서 거리가 상당히 멀단다. 그러나 화석 악어는 그 거리가 아주 가까워.

또 하나는 등뼈 모양이야. 지금의 악어 등뼈는 한쪽이 둥글고 다른 한쪽이 오목해서 끼우면 딱 맞게 되어 있어. 하지만 화석 악어의 등뼈는 양쪽이 모두 오목했단다. 바깥 콧구멍과 속 구멍 사이의 거리와 등뼈 모양은 시간이 지나면서 지금의 악어처럼 되었어.

오늘날의 악어는 먹이를 물 수는 있지만 씹지도 못하고 토막을 내지도 못해. 그러나 화석 악어, 그 가운데 몸이 작았던 화석 악어는 이빨 모양으로 보아, 먹이를 씹었던 것으로 보여. 또 악어의 위턱은 머리뼈가 계속된 부분으로 큰 먹이를 삼킬 수 있었단다.

# 2. 하늘을 뒤덮은 새떼

## 육식공룡 + 새 = 시조새

새의 조상은 시조새지? 19세기 중엽에 독일에서 발견된 시조새 화석은 요즘의 새와 공룡의 중간 단계로 공룡이 새의 조상이라는 것을 보여주는 좋은 화석이란다. 부리에 이빨이 있고 날개에 발톱이 있고 꼬리뼈가 아주 길어 공룡의 특징을 가지고 있어. 그러나 몸이 깃털로 덮여 새의 특징도 함께 가지고 있단다. 실제로 시조새가 깃털로 덮인 채로 발견되지 않았다면 작은 공룡 화석이라고 생각하지 새라고 생각하기는 아주 어려웠을 거야.

시조새는 흉골이 아주 작아. 또 시조새의 내장은 공룡처럼 배 갈빗대가 받쳐주었단다. 오늘날의 도마뱀이나 악어는 배 갈빗대가 있어. 배 갈빗대란 등 쪽이 아닌 배 쪽에 있는 갈빗대를 말해.

시조새 꼬리는 아주 뻣뻣한 것으로 보이며 꼬리 척추 23개는 하나하나 떨어져 있단다. 꼬리가 뻣뻣하면 달리거나 날다가 방향을 급히 바꿀 때 몸의 균형을 잡아주는 데 도움이 되고, 꼬리가 깃털로 덮여 있으면 공기 중에서 꼬리와 몸이 수평을 이루는 데에 도움이 된단다.

지금까지 발견된 6개의 시조새 골격 화석은 같은 종으로 크기가 다른 것으로 보고 있어. 바로 다 큰 시조새도 있고 그렇지 못한 시조새도 있어. 시조새의 깃털 하나도 화석으로 나왔단다. 시조새 화석들은 모두 독일의 쥐라기 중기 석회암 지층에서만 나왔으며 그 석회암은 산소가 거의 없었던 아주 짠물의 늪에서 퇴적되었어. 그 늪에는 죽은 동물을 뜯어먹거나 시체를 썩히는 미생물도 거의 없어서 시조새 몸이 완전하게 보존되었단다.

시조새의 뼈는 공룡의 흔적이 남아 뼈가 꽉 차 있어. 말하자면 뼈에 공기 구멍이 없어서 몸이 무거워 날기에 아주 좋았던 새는 아니란다. 공기 구멍은 시조새의 폐 조직에도 없었던 것으로 상상돼. 그러나 요즘 새는 폐 조직에 공기 구멍이 있어 몸을 가볍게 한단다. 시조새는 지금의 새와 모든 부분이 같았다고 생각할 필요는 없어. 오히려 공룡과 현대 새의 중간이라고 생각해야 한단다. 시조새는 이제 막 날아다니기 시작한 새로 봐야 해.

시조새의 조상은 후기 트라이아스기에서 전기 쥐라기인 약 2억 년 전에 숲속에서 살면서 두 다리로 뛰어 다녔던 더운피 육식 공룡으로 보고 있어. 깃털이 생겨 체온도 보존하고 앞다리가 날개로 변하면서 시조새로 진화한 것으로 보인단다. 육식공룡과 새의 중간인 시조새는 생물이 진화한다는 것을 보여주는 아주 훌륭한 예야. 시조새는 약 1억 5천만 년 전에 나와 2천만 년 동안 살다가 사라졌어.

시조새의 날개는 익룡의 날개와 달랐단다. 우선 시조새의 날개뼈는 익룡의 날개뼈와 달리 뼈가 모여 납작하게 되었으며 넓적한 기초가 되어 여기에 날개깃이 결합되어 있었어. 또 익룡과 달리 아주 강한 다리와 발을 가지고 있으며 땅을 걷거나 나뭇가지에 앉는 데 아주 쓸모가 많단다. 시조새가 육식공룡에서 진화했다는 점에서 새는 '날아다니는 공룡'이라고 말할 수 있어.

새의 날카로운 발톱과 눈매와 부리를 보면 새의 조상도 무서운 동물이었다는 생각이 들어. 새는 조상인 육식공룡과는 여러모로 다르지만 날아다녔다는 점에서 가장 크게 달라. 새가 나는 기술을 어떻게 배웠을까 하는 문제는 상당히 어렵단다. 땅 위를 걷던 공룡이 날게 되었을까, 아니면 나무 위에 올라갔던 공룡이 날아 내려왔을까? 이건 상당히 어려운 문제야. 두 가지 모두 가능성이 있거든. 시조새 화석이 발견된 이후 학자들은 계속 논쟁을 하고 있단다.

시조새는 어떻게 날았을까? 새가 나는 기술은 2가지 형태를 생각할 수 있어. 먼저 나무에 기어 올라가 나무 사이를 미끄러져 내려오다가 마침내 날기 시작했다는 설명이란다. 시조새가 처음에는, 마치 하늘다람쥐가 나무 사이를 미끄러지듯이, 미끄러지다가 더 발달해서는 새처럼 날기 시작했다는 거야. 날아오르려면 중력을 이겨야 하므로 엄청난 에너지가 필요하단다. 그러므로 먼저 시조새는 나무를 기어 올라가 날아 내려왔던 새인 것 같아. 땅에서 돌아다니다가 부근에 있는 나무 위로 기어 올라갔다고 생각할 수 있단다. 날개에 나무를 타기에 좋은 발톱이 있다는 것도 나무로 올라가는 데 도움이 됐을 것으로 생각돼.

또한 먹이를 쫓아가면서 가까운 거리를 뛰어가다가 날개를 펄럭여 날아올랐다는 설명도 있어. 요즘도 이런 새가 있단다.

연구된 바로는, 새는 땅 위에서 살다가 날아오르기 시작했다는 학설이 유력하단다. 시조새는 땅 위에서 날아오르기에 충분한 속도를 낼 정도로 빨리 달렸다는 연구가 있어. 시조새가 날개를 벌리고 올렸다 내리치면 날아갈 정도의 속력을 내었다고 생각된단다. 시조새의 최대 속력은 초속 2미터 정도로, 날아오르기에는 너무 느려. 그래도 최근 연구로는 6미터 이상 8미터 정도의 속도를 내어서 날아오르는 데 문제가 없대.

그러나 앞에서 말한, '귀씨 작은 도둑'의 화석으로 보아 시조새는 나무 사이를 미끄러지다가 날기 시작했다고 보는 게 더 낫다는 주장이 있어. 곧 앞·뒷다리에 날아가는 데 쓰이는 깃털이 분명히 있으므로 완전한 '날개' 구실을 했다고 생각되기 때문이란다. 그러나 더 중요한 의문은 '귀씨 작은 도둑'이 네 '날개'를 실제로 어떻게 썼느냐 하는 문제란다.

시조새가 사라진 다음, 중국 랴오닝 성의 1억 2천만 년 전 지층에서 '공자새(Confuciusornis)'가 나타났단다. 크기가 까치 만한 이 새는 이빨이 없는 새로는 가장 오래된 새로, 아마도 시조새의 아주 가까운 후손일 거야. 또한 이 새의 꼬리 깃털이 많지 않은 것으로 보아 잘 날지 못했다는 주장도 있고, 날개 구조로 보아 잘 날았다는 주장도 있어. '공자새'는 암수의 크기와 모양이 달라. 수컷은 두 갈래의 긴 꼬리를 가지고 있어, 그때 이미 암수에 따라 새의 모양이 크게 달랐다는 것을 알 수 있단다.

1984년 스페인 중동부지방에서 발견된 새의 꼬리뼈는 15개로 완전히 붙어 있어, 즉 유착되어 있어서 시조새와 요즘 새의 중간이라는 생각이 들어. 오늘날의 새 꼬리뼈는 4~10개이며 한 덩어리로 유착되어 있단다. 시조새의 꼬리가 짧아지면서 새의 무게중심은 앞쪽으로 옮겨졌어.

백악기 초기인 약 1억 4천만 년 전부터 1,500만 년 동안 살았던 까마귀 크기의 원시 새인 공자새는 이빨이 없으며 사진에서 보이듯이 꼬리 쪽으로 긴 깃이 두 개 나 있는 화석도 있는데, 이는 암수의 차이로 생각된다.

최근 시조새와 초기의 새들이 찬피동물이라는 주장이 나왔단다. 초기의 새들이 제대로 날기 시작하면서 더운피동물이 되었대. 또한 시조새의 조상은 육식공룡이 아니라는 주장도 나왔단다. 그 주장에 따르면, 공룡과 시조새는 같은 조상에서 각각 진화했다고 해.

공자새는 같은 시대에 있었던 길이가 2.4미터 정도인 육식공룡인 '아름다운 중국깃털공룡'에게 잡혀 먹힌 것으로 여겨진다.

## '공룡새'와 '새다운 새'

아침저녁으로 짹짹대는 새는 언제 나타났을까?

쥐라기 후기인 약 1억 5천만 년 전에 나타난 시조새는 약 1천만 년 동안 생존하다가 백악기 초기에 멸종했단다. 시조새가 멸종된 대신 백악기 초기에는 '반대(反對)새'가 나타났어. '반대새'는 발뒤꿈치를 구성하는 뼈 3개가 요즘 새와는 반대로, 곧 가운데 부분부터 들러붙었단다. 요즘 새들은 뒤꿈치의 먼 부위에서 가까운 부위로 유착돼.

'반대새'는 시조새와 아주 비슷해서 이빨도 있고 날개에 발톱도 있으며 엉치뼈의 골격도 비슷해. 그러나 척추 뼈가 붙어서 꼬리가 현저히 짧아, 무게중심이 앞쪽으로 옮겨져서 잘 날 수 있다는 것이 큰 차이란다. '반대새'들은 백악기에 크게 발전했어.

그러므로 중생대에는 '현대새'와 비슷한 새가 없었던 것으로 보이지만, 만약 있었다면 백악기 후기에 약간 있었던 것으로 생각돼. 중생대의 새는 크게 '공룡새'와 '새다운 새'로 나뉜단다. 시조새는 당연히 '공룡새'에 속하지.

한편 중국의 백악기 초기 지층에서 발견된 새 화석으로 보면, 백악기 초기에는 몽골에서 발견된 '새다운 새'와 시조새에서 발전된 '공룡새'가 함께 있었던 것으로 보여. 그러나 '공룡새'는 중생대 끝에 예외 없이 멸종했으며 '새다운 새'에 속했던 새들도 많이 없어졌단다. 이때 '새다운 새'에 속했던 이빨이 있었던 왜가리 비슷한 새와 어룡과 비슷하게 잠수했던 새가 멸종되었어.

2001년 초에 몽골의 우카 톨고드에서 백악기 후기에서도 뒤쪽인 8천만 년 된 새 화석이 발견되었단다. 이 화석은 보통 화석처럼 눌려서 찌그러지지 않고 입체로 나왔어. 너무 보존이 잘 되어 도저히 8천만 년이나 지났다고 생각하기 힘들 정도야. '아스파라비스'라고 이름이 지어진 이 화석은 위에서 말한 몽골에서 발견된 '새다운 새'보다 훨씬 늦게 나왔단다. 아스파라비스 새는 '반대새'와 비슷한 점도 있지만 '새다운 새'와 비슷한 점이 더 많아서 새가 발전한 새로운 모습을 보여주리라 믿어.

그러므로 이 새를 잘 연구하면 과거에 '반대새'라고 생각했던 새들이 '반대새'가 아닐 지도 모른다는 생각이 들어. 만약 그렇게 된다면 백악기가 끝날 때까지 '반대새'가 '새다운 새'보다 훨씬 많았다는 과거의 생각이 잘못된 거야. 그런 것을 보면 새는 우리가 생각했던 것만큼 간단하지 않은 것으로 보여.

새는 과거의 설명과는 달리, 대륙이동과는 큰 관계없이 발전했다는 것을 화석을 통해서 알 수 있단다. 이는 아마 새는 날아다니는 동물이라서 대륙이동 같은 현상이나 바다 같은 장애물의 영향을 덜 받았기 때문일 거야. 한편 유전자를 이용하는 근대 연구 방법은 화석에 바탕을 두고 옛날부터 해오던 해석과는 크게 달라. 그러므로 이 두 방법을 이치에 맞게 통합해서 설명하는 것이 옛날의 새를 연구하는 학자들의 임무라 생각돼.

## 날지 못하는 새

현재 새 가운데 가장 큰 타조는, 최근에 우리나라에서 키우기 시작하면서 우리와 가까워졌다는 기분이 들어. 타조는 언제 지구에 나타났을까?

지난 세기 중기에는 타조와 그 친척이 되는 새, 곧 날지 못하는 주금류(走禽類)의 새들을 아주 원시 새인 '갈 곳 없는 부랑자'라고 생각했어. 그 결과 학자들은 새의 분포를 대륙 이동으로 설명했단다. 곧 옛날에는 아프리카와 남아메리카가 결합되어 있어서 두 지역에 있는 새가 비슷하다고 생각했던 거야. 주금류에 속한

날지 못하는 새의 대표격인 타조는 흉골이 없다. 유전자를 통해 새의 진화를 연구한 학자는 아프리카와 남아메리카의 타조가 대서양이 생기면서 갈라져서 서로 다른 대륙에서 진화했다고 보았다.

새들은, 이름 그대로, 잘 달리는 대신 날지 못해서 날개의 근육이 붙는 가슴 가운데 큼직한 뼈인 흉골이 없단다. 이런 관점은 지금까지도 계속되어 1990년대 들어 유전자로 새의 진화와 분류를 연구했던 학자도 아프리카와 남아메리카에 있는 타조는 약 8천만 년 전 대서양이 생기면서 갈라져 각기 다른 대륙에서 진화했다고 발표했어. 유럽에서는 5천만 년 된 타조 화석이 발견되었단다. 남아메리카에도 타조와 비슷한 새가 2종이 있어.

## 새털은 원래 피부세포였다?

새털이나 깃은 어떻게 생겨났을까? 예전에는 파충류의 비늘이 변해서 새털이나 깃이 생겼다고 생각했지만 그렇지 않아. 새털은 케라틴을 만들어내는 피부의 세포가 모여 두꺼워지면서 가운데로 핏줄이 들어가고 케라틴을 만드는 세포가 자라서 만들어진 거야. 케라틴이란 섬유 같은 단백질이며 머리카락이나 손톱, 발톱의 성분이 케라틴이야. 깃털은 케라틴의 일종인 베타 케라틴으로 되어 있단다. 머리카락이나 피부를 덮은 케라틴은 베타 케라틴보다 연한 알파 케라틴이란다. 깃털은 새와 파충류에만 있어.

새털은 크게 2가지로 나눌 수 있어. 하나는 보온용이고, 다른 하나는 날아가는 데 쓰이는 비상용이야. 보온용 깃털은 솜처럼 보드랍고 둥글고 단열이 돼. 비상용 깃털은 보드랍지 않고 둥글지도 않아. 대신 빳빳하고 납작하고, 깃털 중심 가지를 기준으로 좌우대칭이 아니란다. 새의 윤곽을 잡아주는 깃털은 크게 보면 후자에 들어가지만, 특이한 점은 좌우가 같은 대칭이라는 점이야. 또 현미경으로 보면 깃털들이 연결되는 구조도 달라서, 보온용 깃털에서 비상용 깃털로 가면서 점점 복잡해져. 날아가는 데 쓰이는 깃털은 굵은 중심 가지에서 퍼져나간 가지가 있고 그 가지에서 퍼져나간 잔가지에는 갈고리들이 있어 옆의 잔가지에 걸려. 그러면서 얇고 탄탄하지만 가벼워. 반면에 보온용 털은 중심 가지가 없단다.

## 3. 암모나이트 이야기

### 아름다운 봉합선

고생대에 나타났던 암모나이트는 중생대에 들어와서는 봉합
선이 더욱 복잡해졌단다. 그 봉합선이 아주 특징 있게 잘 나타
나, 봉합선으로 중생대 암모나이트의 이름을 짓고 그런 종이 나
타난 정확한 지질시대를 알 수도 있어. 지금까지 화석으로 알려
진 약 1만 종의 두족류 가운데 4분의 3이 암모나이트 계통이야.

중생대가 끝날 때쯤에는 암모나이트가 커져서 지름이 1미터
가 넘어 거의 2미터나 되는 것이 나타났단다. 또 일정하게 감기
는 게 아니라 아주 길거나 이상하게 꼬이거나 가시가 많거나 펴
지거나 휘어져 비정상으로 보이는 암모나이트들도 많이 나타났
어. 환경의 변화인지 돌연변이인지 정확한 이유를 알 수 없지만

참 신기해. 반면 전혀 꼬이지 않아 막대기처럼 아주 긴 암모나이트도 있었어.

## 바다에서 살다가 멸종했어

암모나이트는 바다의 바닥에 살기도 하고 물에 떠서 살기도 했어. 바닥에서 사는 암모나이트는 조개나 굴이나 고둥 같은 동물들을 잡아먹었고, 떠서 사는 암모나이트는 물고기나 작은 동물들을 잡아먹었단다.

중생대에 그렇게 많았던 암모나이트는 백악기 말에 갑자기 없어졌단다. 아마도 다음에 이야기할 중생대 말 공룡이 멸종할 때쯤 물에 떠서 살다가 바닷물 환경이 한순간에 바뀌어 몽땅 죽어 버린 것 같아. 반면에 오늘날까지 살아 있는 앵무조개는 부화되는 즉시 바다의 바닥으로 가라앉으면서 살아남은 것으로 보고 있어. 또 암모나이트와 같은 연체동물인 오징어 계통도 살아남았단다. 한편 대부분의 암모나이트가 수압에는 잘 견뎠으나 껍데기가 평평하고 얇고 유선형이 아니어서 천적에는 약했다고 주장하는 사람도 있단다.

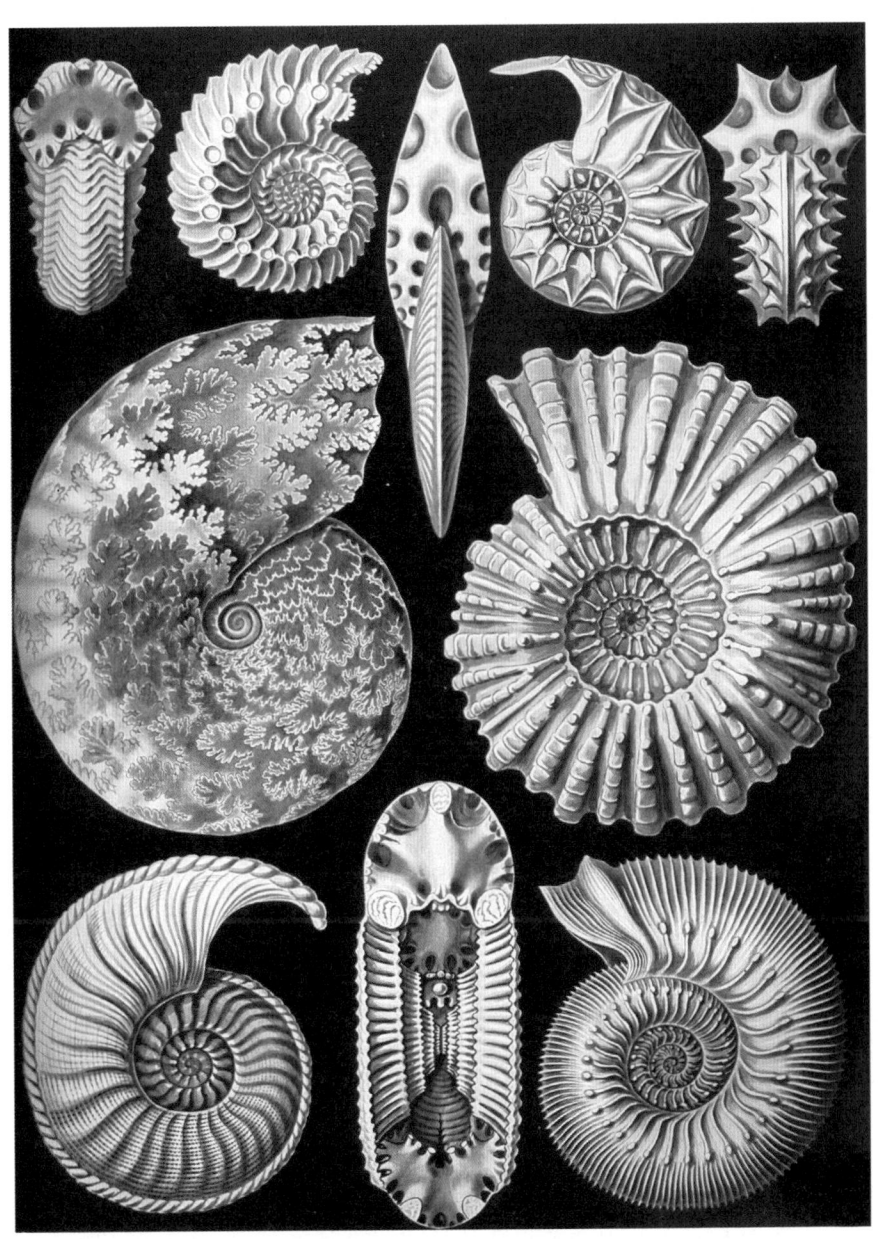

독일의 생물학자이자 박물학자, 화가였던 에르네스트 헤켈(1834~1919)이 그린 암모나이트 그림.

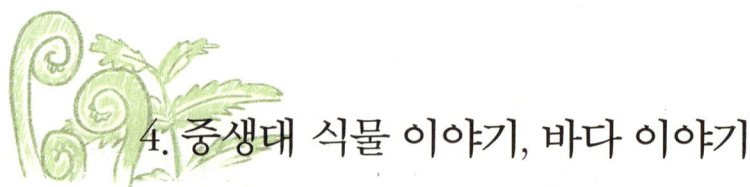

# 4. 중생대 식물 이야기, 바다 이야기

## 땅에서는 속씨식물이 나타나

고생대에 많았던 겉씨식물은 중생대 트라이아스기에도 크게 발전했단다. 그 가운데 소철류가 가장 많았고 송백류와 은행류가 많았어. 겉씨식물이 제대로 많아지면서 마침내 푸른 숲이 만들어지기 시작했단다.

이 식물들은 쥐라기에도 번성했단다. 또 쥐라기에 들어와 계절의 변화가 뚜렷해지면서 나무의 나이테를 확실하게 알아볼 수 있게 되었어. 계절에 따라 생장 정도가 달라져 나이테가 만들어지기 시작한 거지.

백악기에는 식물계에 큰 변화가 일어났어. 바로 속씨식물이 나타났던 거야. 속씨식물이란 꽃이 피며 씨가 과육 속에 들어 있

는, 우리가 흔히 볼 수 있는 식물이란다. 예를 들면 사과, 매실, 자두, 복숭아, 호두 따위가 모두 속씨식물이야.

백악기 초기에 대부분이 속씨식물인 잎이 떨어지는 나무가 나타나 크게 발전해서 백악기 중기 이후에는 산과 들의 나무가 오늘날과 비슷해졌단다. 마침내 육지 안쪽과 건조한 지역에도 식물들이 생장하기 시작했어. 그러므로 식물은 이미 신생대 식물계가 시작되었다고 말할 수 있어. 또한 손바닥 같은 잎들을 가진 활엽수에 속하는 쌍자엽 식물들이 많아졌단다. 쌍자엽 식물이란 떡잎이 2개인 식물로 잎에는 그물맥이 발달해. 사과, 배, 밤, 감처럼 우리 주위에서 쉽게 볼 수 있는 과일이 대부분 쌍자엽 식물이란다.

속씨식물에는 단자엽 식물도 있었어. 단자엽 식물의 떡잎이 1

개이며 잎에는 평행한 맥이 발달한단다. 벼와 보리, 백합 따위가 단자엽 식물이야. 속씨식물이 늘어나면서 겉씨식물은 줄어들었단다. 그러나 나무는 요즘 나무와 비슷하지만 땅바닥에 풀이 없어서 지금의 풍경과는 상당히 달랐단다.

시간이 가면서 식물도 발전했어. 꽃피는 식물의 대부분이 속씨식물이지만 최초의 속씨식물은 꽃이 피지 않았던 것으로 보여. 꽃피는 식물 가운데 목련이 맨 먼저 나온 것 같아. 꽃피는 식물도 몇 단계를 거쳤을 거야. 꽃피는 식물이 나오면서 약 8천만 년 전인 백악기 후기에는 나비도 나타났단다.

꽃피는 식물이 많아지면서 곤충도 많아졌어. 또한 곤충이 꽃피는 식물들을 수정하면서 그 식물들이 점점 많아지고 대신 겉씨식물들이 줄어들었어. 물론 모든 곤충이 꽃을 수정시키는 건

경상남도 진주 부근에서 발견된 곤충 화석.

아니지만 곤충이 꽃을 수정시키는 데 큰 구실을 하는 건 확실하지. 참, 나비의 가까운 친척인 나방은 나비보다 1억 년이나 먼저 나타났어.

현재 지구 위에는 약 1만 5천~2만 종의 나비가 있으며 그 10배나 되는 나방이 있단다. 정말 많지? 한편 벌은 나비보다 먼저 약 1억 3천만 년 전에 나왔단다.

그렇다면 우리 눈에 쉽게 띄는 개미는 언제 나왔을까?

개미는 약 1억 년 전 말벌에서 진화했단다. 미국 동부지방과 러시아에서 발견한 화석이 그 증거야. 사실 말벌에서 날개를 떼면 허리가 날씬한 개미와 비슷해. 생각해보면 그렇지? 한편 개미는 크기가 작다 뿐이지 워낙 많아서 남아메리카 아마존 숲에 있는 모든 생물을 합한 무게의 25퍼센트를 차지해.

한편 1억 3천만 년 전부터 1억 년 전까지, 3천만 년 동안 육지에 큰 변화가 생겨. 이것을 지질학에서는 '백악기 육지혁명'이라고 부른단다. 이때는 꽃이 피는 식물이 나타났고, 잎을 갉아먹는 곤충이 나왔고, 벌처럼 모여 사는 곤충들도 나타났어. 또 나비와 나방처럼 날개가 비늘로 덮인 곤충들을 비롯해 오늘날 우리가 볼 수 있는 여러 부류의 곤충들이 나왔어. 커다란 곤충도 많았어. 예를 들면, 최근 중국에서 나오는 곤충 화석들을 보면 아주 커서, 이와 벼룩은 길이가 무려 8센티미터나 돼. 징그럽지? 하지만 사진으로 보면 분명히 이와 벼룩이 맞단다. 그런 곤충들은 당시 발달했던 새나 털 있는 공룡의 몸에서 붙어서 살았을 거라고 추측하고 있어.

또 초식동물들도 나왔고 몸집도 커졌고 더운피동물도 나왔고 지능도 높아졌단다. 나아가 땅속에서 숨어 살던 동물들도 있었지만, 동물들은 나무 위로 올라가고 날아다니기 시작했어.


## 송진에서 아름다운 호박으로


우리가 먹는 맛있는 호박 말고 한복 단추에 달려 있는 노르스름한 호박 알지? 송진이 굳어서 생긴 호박의 아름다운 색깔은 어떻게 생겨났을까?

나무의 수액이 굳어진 호박에는 수액을 먹으려고 가까이 왔던 곤충이
나 거미나 개구리가 화석으로 나오는 경우가 흔히 있다.

송진은 원래 투명하단다. 그러나 시간이 가면서 부옇게 돼. 또
호박의 투명함과 색깔은 송진이 화석으로 만들어지면서 생긴 변
화와 관계가 있단다. 예를 들면, 송진에 있던 수분이 증발해 아
주 작은 방울이 되면 호박이 불투명해져. 그러므로 송진에 물방
울이 있으면 호박은 더 불투명하게 돼. 송진은 나무의 상처를 치
료하는 일종의 방부제이며 약이란다.

나무의 종에 따라 진이 흘러내리는 양이 달라. 야자나무처럼
진이 빨리 흘러내리는 나무도 있고 그렇지 않은 나무도 있단다.
나무진이 흘러내려 나무의 길이를 따라 생긴 나무 껍데기의 표
면이나 속에 생긴 틈 속에 모여. 나무진이 겹쳐서 흘러내리는 데
에 따라 호박 안에는 여러 겹의 가늘고 부드러운 선이 생긴단다.

태양빛과는 다른 빛을 호박에 비춰보면 가느다란 선이 보여.

호박의 색깔은 송진을 포함한 나무진의 성분이나 나무진 속에 떠 있는 물질 때문에 생긴단다. 또한 호박 색깔의 밝기나 진한 정도는 열과 어느 정도 관계가 있단다. 예를 들어, 나무진이 화석이 되기 전에 상당히 뜨거운 태양빛을 오랫동안 받으면 색깔이 그만큼 더 진해져. 그러므로 열대지방에 사는 나무의 진은 진한 색깔의 호박이 되리라 생각돼.

그러나 호박 색깔은 우리가 흔히 생각하는 노르스름한 색깔 말고도 우유색이나 붉은색, 파란색, 초록색 등등 약 250가지 정도의 색깔이 있어. 조각가들은 이런 색깔을 이용해 아름다운 예술품을 만들었단다.

거미줄 화석은 호박에서만 나온단다. 송진이 아주 천천히 흘러내리면 가는 거미줄이 끊어지지 않고 그대로 화석이 돼.

화석을 연구하는 사람들이 호박을 아끼는 이유는 호박 속에서는 보통 생물체가 완전하게 화석이 되기 때문이란다. 수천만 년 된 개미나 나방이나 벌이나 쐐기나 흰개미나 버섯의 꽃가루가 완전하게 보존되어 있어. 송진이 액체라서 미세한 생물의 털이나 가시를 상하게 하지 않고 흘러내렸거든. 게다가 호박이 공기가 통하지 않고 물이 스며들지 못하고 화학 변화가 일어나지 않기 때문에 안에 갇힌 생물체가 이런 외부에서 들어가는 물질이나 호박 자체의 변화로 변하지 않기 때문이야.

호박이 보통 공기와 닿는 부분에 화학 변화가 일어나 질이 달라지는 수가 있어. 어떤 호박은 그 표면이 말랑말랑해지는 수도 있단다. 이런 호박은 표면을 갈아내야만 빛이 나며 호박 안에 있는 가는 선이나 모양을 볼 수 있단다.

호박의 나이를 아는 방법이 없을까?

호박의 나이를 직접 재는 방법은 없단다. 호박과 함께 나오는 모래 알갱이의 나이를 재는 것이 가장 정확한 방법의 하나야. 참, 호박 속에 들어 있는 나뭇잎이나 갇혀 있는 곤충을 연구하기는 쉽지 않단다. 이들을 꺼내기도 쉽지 않고 나뭇잎이나 곤충의 성분이 바뀌기 때문이야.

호박 속에는 개미나 벌이나 모기나 거미나 개구리나 새털이나 전갈 같은 것들이 신기하고 아름다운 화석으로 들어 있는 수가 많단다.

호박 속에 들어 있는 신기한 생물들 가운데에는 개미한테 공격당하는 사마귀, 벌 등에 올라 앉아 있는 진딧물, 적에게 독액을 뿜어내는 갑충, 짝짓기를 하던 거미들, 쐐기를 잡아먹는 거미, 개구리 시체에 생긴 벌레들 같은 것들을 포함해 아주 많단다. 대부분은 어떤 행동을 하다가 갑자기 송진으로 덮인 거야. 꼭 그런 행동이 아니더라도 깃털이나 전갈이나 개구리 같은 것은 신기하기만 해. 그런 호박을 보면 당시의 광경이 눈앞에 보이는 듯 해.

호박이 이렇게 귀한 모습을 보여 옛날에는 비싼 값에 팔렸고 귀한 전설도 생겨났단다. 옛날 사람들은 금만큼 귀중하게 생각했으며 로마에서는 노예보다 비싸게 거래했어.

옛날 그리스 사람들은 호박을 아폴로의 딸들이 죽은 오빠를 생각하며 흘리는 눈물이라고 생각했단다. 그리스 신화에서는 태양의 신 아폴론의 아들인 파에톤이 아버지의 전차를 잘못 몰아 천지에 큰불이 일어나게 하자 신들의 아버지 제우스신이 노해서 번갯불로 죽였다는 이야기가 나와.

호박은 보석의 하나로 귀중한 예술품을 만들기도 했어. 예전 러시아 상트 페테르부르크의 황궁에는 10만 개가 넘는 호박 조각으로 꾸민 호박방이 있었단다. 방안에 있는 꽃, 조각, 가구, 황제 문장이 모두 호박을 조각한 것이며 벽지도 호박이었단다. 그러나 아깝게도 제2차 세계대전 중에 사라졌어. 옛 소련은 1979년부터 호박방을 찾기 시작했고 복원을 시작했지만, 1991년 소련이 망하면서 중지되었어. 러시아는 1999년부터 다시 복원하기 시작했고 독일 가스회사의 지원을 받아 2003년에 복원되었단다. 지금은 유명한 관광지야.

## 중생대 바다를 헤엄친 나노 플랑크톤

옛날 중생대 바다에는 물고기나 문어처럼 큰 동물만 있었던 게 아니란다. 눈에 거의 보이지 않는 생물들도 많았어. 그 가운데 하나가 바로 나노 플랑크톤이야.

나노 플랑크톤은 물에 떠서 사는 아주 작은 식물이란다. 보통

러시아 푸슈킨 시의 예카테리나 궁전에 있는 호화로운 호박방.

코콜리스라고도 부르는 나노 플랑크톤은 평균 크기가 1~10미크론1미크론은 1천 분의 1밀리미터으로 웬만한 현미경으로는 보이지도 않아. 500~1,500배로 보면 비로소 작지만 아름답고 신비한 자태를 나타내기 시작한단다.

　이 식물은 중생대 쥐라기에 지구 위에 나타나 지금까지 잘 살고 있단다. 원래 코콜리스는 완전한 구형의 둥근 생물체가 갈라진 조각을 말하며 완전한 형태를 코콜리스포어라고 한단다. 도넛이나 별이나 꽃잎 같은 조각들이 붙어 완전한 모양을 만들어.

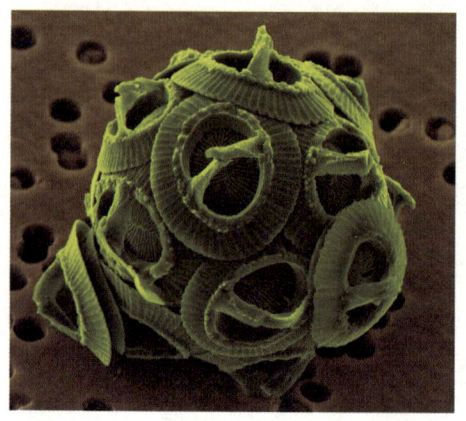

코콜리스 적외선 사진. 코콜리스는 탄산칼슘으로 된,
세포가 한 개인 바닷말로, 완전하면 조각들이 둥글게
모여 있지만 죽으면 하나하나 갈라진다.

완전한 형태는 보기 힘들고 조각들이 관찰되는 수가 거의 전부
란다. 화석으로 나오는 이 조각을 석회질 나노 화석이라고 하며
현재 살아 있는 식물을 석회질 나노 플랑크톤이라고 불러. 이 두
가지를 코콜리스라고 부른단다.

코콜리스는 워낙 작아 현재는 깨뜨릴 수 있는 방법이 없단다.
예컨대, 갈아서 깨뜨릴 수는 없고 초음파 분쇄기에 넣고 흔들어
도 깨어지지 않아. 그만큼 작아. 단지 탄산칼슘으로 되었으므로
녹을 따름이란다. 실제 이 생물을 현미경으로 잘 들여다보면 녹
은 흔적이 보이는 수가 있어. 그러므로 용해 현상을 알려면 이 생
물을 보면 돼.

바다 표면에 떠서 사는 이 식물은 따뜻한 바다에는 물 1리터에

100만 개 정도가 있으며 추운 곳으로 갈수록 적어져 1리터에 1천 개 정도가 있단다. 보통 이 식물 크기의 먼지는 4천 미터를 가라앉는 데 1천 년이 걸려. 만약 껍데기의 성분이 탄산칼슘으로 된 물체라면 가라앉는 동안에 이산화탄소가 녹은 찬 바닷물에 다 녹아서 없어져. 예를 들어, 3천 미터 깊이에 있는 석회질 성분의 걸쭉한 죽 같은 물질은 바로 생물의 석회질 껍데기가 가라앉으면서 녹아서 만들어져. 그 껍데기의 주인공들은 맨눈으로도 볼 수 있을 만큼 큼직하단다. 그러나 코콜리스는 3천~4천 미터 깊이에서도 완전한 모양으로 발견된단다. 어떻게 이 깊이를 가라앉으면서도 녹아 없어지지 않았지?

이 의문은 1976년 미국 우즈홀 해양연구소에서 일하는 쓰쓰무 혼조 박사가 해결했단다. 그는 가라앉는 물질들의 종류와 양을 알려고 깊이 수천 미터 되는 곳에 통을 설치해 가라앉는 물질들을 모았어. 통에 걸린 물질 가운데 옆새우라는 길이 몇 센티미터의 동물 플랑크톤 시체가 많았단다. 그는 옆새우 한 마리의 배를 갈라보았어. 놀랍게도 옆새우 뱃속에 코콜리스가 새까맣게 들어 있었단다. 옆새우가 코콜리스만 골라먹은 것일까?

그건 아니었어. 단지 옆새우가 물을 흡수하는데 물과 함께 들어온 코콜리스가 소화되지 않고 몸 속에 남은 거지. 옆새우가 죽어 가라앉으면서 코콜리스도 바다 깊은 곳에 가라앉았던 거야. 깊은 바다에 쌓인 진흙 같은 물질 속에 이 생물이 있게 된 비밀은 이렇게 풀렸단다.

코콜리스는 워낙 작아서 현미경의 성능이 좋지 않았던 옛날에는 발견되지도 않았단다. 현미경이 조금씩 나아지면서 보이기 시작했어. 그 전에는 물속에 뭔가 있기는 있는데 생물인지 아닌지도 몰랐으며 "생물이다!" "아니다!" "먼지다!" "뭔지 모르겠다!" 이런 식으로 논쟁만 했단다.

코콜리스는 1950년대부터 제대로 발견되어 연구되기 시작했어. 그래서 전문가 수가 대단히 적단다. 전 세계에 50명쯤 있을 거야. 이 생물을 공부한 사람의 이야기가 공부를 시작해 처음 일일이 감정해서 이 생물의 이름을 붙이는 약 1년 정도의 과정이 어렵대. 현미경으로 코콜리스를 보면 입체가 평면으로 보이므로 처음에는 혼란스럽기 때문이야. 곧 막대기가 점으로 보이고 입체가 선으로 보이기 때문이란다.

그러나 그 과정을 넘기면 이후는 상당히 쉬운 것으로 알려져 있어. 종이 많지 않고 현미경으로 볼 수 있을 때까지 처리하는 데 시간이 걸리지 않고 결과가 금방 나오기 때문이란다. 쉽게 말해 콩알 크기 정도의 바닷속 진흙을 얇은 유리판 위에 얇게 묻혀 현미경으로 들여다보면 된다고 할 정도로 준비가 간단해. 다른 생물처럼 체로 몇 번이나 씻고 말리거나 산으로 녹이고 몇 시간 가라앉히고 생물체를 골라내는 시간이 드는 과정이 없단다. 그러므로 시간이 거의 걸리지 않아.

코콜리스도 생물이므로 환경을 나타내고 살았던 시대를 나타낸다는 점에서는 다른 부류의 고생물과 하나도 다르지 않단다.

오히려 살았던 기간이 아주 짧아 정확한 시대를 아는 데 어느 화석보다도 유리해.

덧붙이면 과거에는 전문가가 없어서 미국에서 이 생물을 공부하는 대학원생들은 부수입도 짭짤했단다. 석유회사에서 이 생물을 연구하는 전문가를 구하지 못해 대학원생들에게 부탁하기 때문이야. 그러나 그보다는 옛날 바다와 옛날 환경 연구와 지층의 시대를 아는 데 쓰일 무궁무진한 용도가 있는 새로운 연구 분야라는 점이 코콜리스의 가장 큰 매력이란다.

## 새하얀 절벽, 백악층

중생대 시절 바다에 있던 또 하나의 생물이 바로 영국과 프랑스가 마주보는 영불해협의 하얀 절벽의 재료인 백악(白堊)을 만든 생물이야. 먼저 백악이란 무엇일까?

백악은 코콜리스와 부유유공충과 편모충이라는 물에 떠서 살았던 작은 생물의 껍데기가 깊은 바다에 쌓여 굳은 지층이란다. 부유유공충은 물에 떠서 살았던 세포가 한 개인 작은 동물이야. 편모충은 섬모라는 아주 작은 털로 헤엄을 치면서 사는 생물이야. 이 생물들은 너무 작아 부유유공충을 빼고는 맨눈으로는 거의 보이지도 않아. 그래도 워낙 많아 무수한 껍데기들이 쌓여 두꺼운 바위가 된 거란다. 지질시대를 뜻하는 백악기라는 이름은

새하얀 백악 절벽이 뚜렷이 드러나보이는 영불해협은 대단히 아름답다.

그 시대에 쌓인 백악층에서 나왔어. 편모충과 부유유공충은 코콜리스와 마찬가지로 적도에 가까운 저위도 지방의 따뜻한 바다에서 번성했단다.

　중생대 백악기에 쌓은 백악층은 영불해협 말고는 미국 텍사스주 오스틴에서도 나온단다. 이 백악층을 오스틴 백악층이라고 하며 그 지층 속에는 석유가 있어. 백악층이 솟아오르면서 생긴 틈으로 주변에서 만들어진 석유가 들어갔던 거야. 이곳의 백악층은 다른 생물의 껍데기는 전혀 없이 100퍼센트 코콜리스로 되어 있어 참으로 신기하단다.

백악은 하얗고 보드랍고 작은 구멍이 많아. 굳어지기 전의 물질은 바닷물과 함께 섞여 있고 껍데기가 가라앉으면서 바닷물에 녹아 손으로 만져보면 마치 진흙 같단다. 이런 진흙을 지질학에서는 '연한 펄'이라는 뜻으로 연니(軟泥)라고 하며 연니는 깊은 바다에서만 만들어지므로 '심해연니'라고 해. 현재 바다에서 만들어지는 탄산염 물질의 67퍼센트는 심해연니야. 또한 24퍼센트는 대륙 둘레에 쌓이고 9퍼센트는 산호초를 포함한 얕은 바다와 암초에 쌓인단다.

백악을 만든 작은 생물들은 후기 백악기에 지구에 나타났으므로 그 전의 깊은 바다에는 이런 생물체로 된 연니도 없고 따라서 지층도 없단다. 백악기 이전의 깊은 바다에 쌓인 퇴적물은 얕은 바다에 쌓였던 퇴적물들이 바다 밑에 있는 언덕을 따라 흘러 내려간 퇴적물로만 되었단다. 미국 대통령이 일하는 하얀 건물을 '백악관'이라고 하지? 백악관은 버지니아 주에서 나온 바위로 짓고 하얀 페인트를 칠했을 따름이야. 그러므로 백악관은 백악기에 쌓인 하얀 지층인 백악과는 아무 관계도 없단다. 그러므로 '백악관'보다는 '백색관'이 더 정확한 명칭이야. 그래서 영어 이름도 '하얀 집(White House)'이란다.

그런데, 규조라고 들어본 적 있어?

규조는 세포가 1개인 아주 작은 식물로 호수나 바다에서 살며 물에 떠서 살거나 바닥에서도 살아. 규조는 주로 극 쪽에 가까운 고위도지방에서 번성해.

규조의 껍데기 주성분은 물에 잘 녹지 않는 이산화규소로 그 껍데기들이 모여 처트라는 아주 단단한 바위가 되었어. 또 처트에서는 물속에 조용히 가라앉으면서 얇은 층이 차곡차곡 쌓인 층이 보여.

규조가 제대로 나온 것은 중생대 백악기란다. 규조토는 바다에 워낙 많던 규조들이 호수나 꽤 깊은 바다에 쌓여 만들어진 부드러운 흙이란다. 규조토에는 작은 구멍이 많아 액체가 잘 흡수된단다. '규조토'란 말을 들으면 생각나는 게 있지?

그렇지, 바로 노벨상이야. 알프레드 노벨(1833~1896)은 규조토로 다이너마이트를 만들어 엄청난 돈을 벌어서 지금도 노벨상을 주고 있어. 원래 다이너마이트의 원료인 니트로글리세린은 액체로 운반하기가 쉽지 않았단다. 옮기다가 조금만 충격을 주어도 터져서 큰 사고를 내었어. 노벨은 그 액체가 규조토에 흡수돼 굳어지는 것을 우연히 보고 안전한 화약을 만들었던 거야.

한편 규조처럼 고위도 바다에서만 사는 방산충이라는 동물의 껍데기도 성분이 이산화규소인지라 처트가 돼.

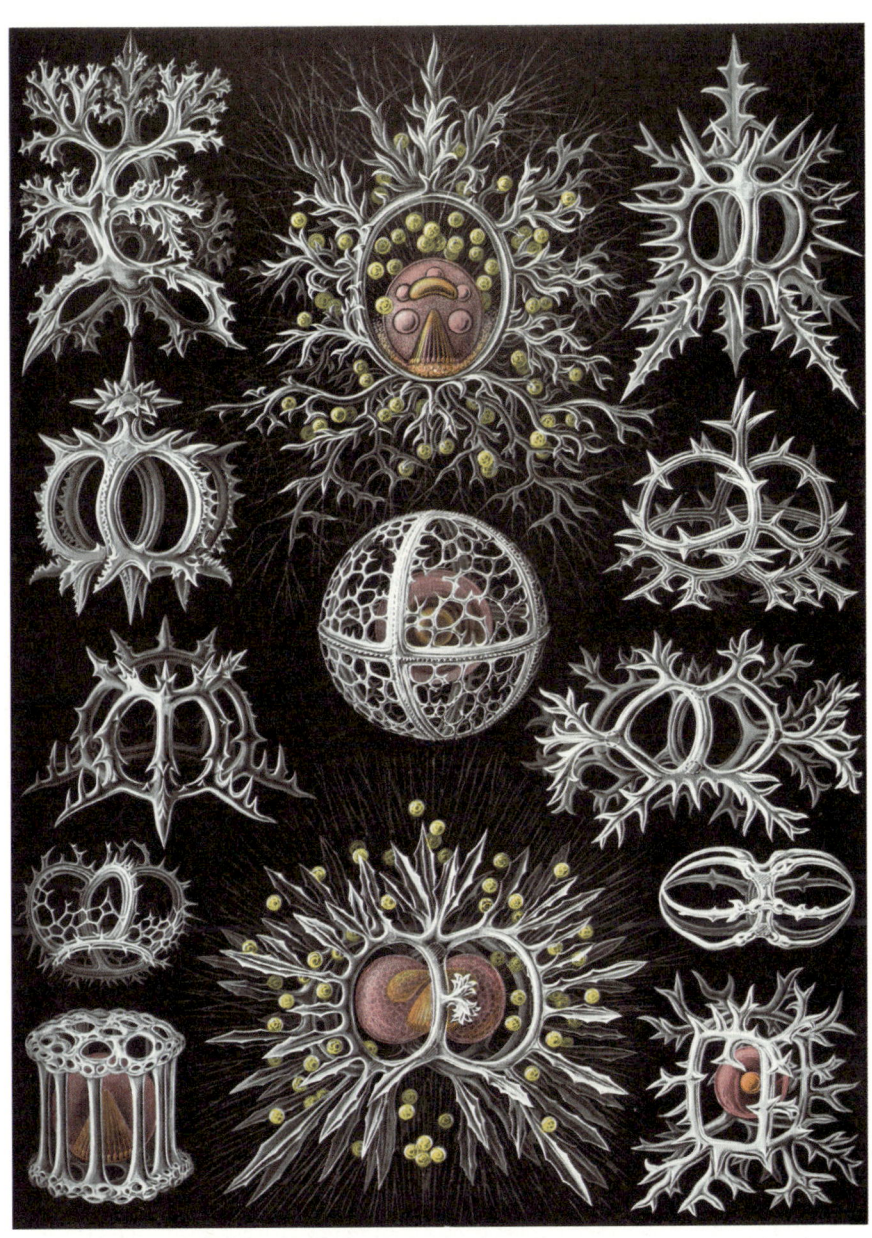

에르네스트 헤켈이 그린 방산충 그림. 방산충 화석은 이산화규소로 된 골격만 나오지
만 살아 있는 방산충은 여러 모양으로 아주 아름답다.

# 5. 중생대 멸종사건

## 공룡은 모두 어디로 갔을까

중생대 트라이아스기 말에도 상당한 숫자의 고생물들이 한꺼번에 죽어 없어졌어. 그중에서도 연체동물의 한 부류인 이매패, 완족동물과 암모나이트가 많이 사라졌지. 이때의 멸종은 아주 오래 계속되어 2,400만 년 동안 계속되었으며 멸종이 끝나면서 1억 9,960만 년 전에 트라이아스기가 끝났어.

멸종의 원인은 지구가 차가워졌다는 주장과 화산 폭발, 운석 충돌처럼 여러 가지 의견이 있어. 이때는 대륙 이동이 시작되었을 때로, 지역에 따라서는 화산이 상당히 강력하게 폭발했을 때인지라 화산 폭발이 유력한 용의자로 생각돼. 곧 커다란 화산이 폭발해 하늘이 어두워지고 화산재가 떨어지고 심하면 산성비가 내리고 강과 호수와 바다 표면은 산성이 되면서 바다에 사는 물고기와 생물도 많이 죽었단다. 나아가 광합성을 하지 못해 식물들이 죽고 이어서 초식동물이 죽고 육식동물이 죽었다는 주장이란다. 또 화산 특유의 화학 물질이 나와 생물들에게 위협이 되었을 거야.

영화 〈쥬라기 공원〉에 나오는 공룡들은 지금은 볼 수 없어. 악어가 있긴 하지만 공룡과 악어는 너무나 달라. 그렇지?

공룡은 언제 어떻게 사라졌을까?

공룡은 지금부터 6,550만 년 전에 멸종했단다. 그때가 중생대 말로, 중생대와 신생대의 경계야. 공룡뿐 아니고 하늘을 날던 익룡과 물속에서 살았던 어룡과 장경룡과 암몬조개도 멸종했어. 바다와 땅 위에 살았던 생물의 절반 정도는 죽어 없어졌지만, 멸종된 정도로 보면 고생대 말의 멸종보다는 덜 심해서 두 번째로 심한 멸종이야. 새를 포함하여 지금 번성하고 있는 생물들은 그때 살아남았거나 새로이 태어나 발전한 거야.


## 공룡은 왜 멸종했을까?


중생대 말에 수많은 생물이 없어진 데에는 크게 2가지 설명이 있어.

하나는 지구 자체의 변화란다. 생물이 지구 자체의 변화 때문에 멸종했다는 주장도 크게 화산 폭발과 해수면이 낮아진 것, 두 가지란다. 즉 인도의 데칸 고원을 만든 커다란 화산이 폭발해, 화산 가스에서 셀레늄이 나오면서 공룡과 익룡들이 타격을 입었을 거야. 곧 초식공룡은 알을 적게 부화했던 것으로 생각된단다. 셀레늄은 동물 태아에게는 무서운 성분이야. 중국 남동부지방에서는 중생대/신생대 경계지층에서 껍데기에 여러 유독한 성분이 함유된 공룡알 화석이 발견된단다. 그러나 셀레늄 성분이 없다는 점에서 반드시 화산의 영향은 아닌 것 같아. 반면 남부 프랑스에서 나오는 공룡알 껍데기의 화석에는 셀레늄이 함유되어 있단다.

또 중생대 말에 해수면이 낮아지면서 육지가 넓어져 공룡들이 살 곳이 없어 이동하고 그때 병에 걸려 죽었다는 주장도 설득력이 있어. 실제로 중생대 말에 아프리카 만한 크기의 육지가 새로 생겼어. 공룡도 생물이므로 먹이와 살 곳이 없으면 살 곳을 찾아갈 것이고, 그때 굶어죽거나 병도 생겼으리라는 건 그럴 듯한 주장이야. 한 마디로, 중생대 말에 생긴 지구 자체의 환경 변화로 공룡과 다른 생물이 죽었다는 주장이야.

1980년에는 아주 새로운 주장이 나왔단다. 외계에서 온 물체가 공룡을 죽여 없앴다는 거야. 이 주장의 요지는 하늘에서 날아온 지름 10킬로미터 정도의 소행성이 지구에 충돌해, 뜨거운 먼지가 하늘 높이 올라갔다가 쏟아지고 지면에 큰불이 나서 공룡과 생물이 죽었다는 거란다. 이 주장을 '외계물체 충돌론'이라고

운석충돌 결과 만들어진 1킬로미터가 넘는 베린저 운석 충돌구. 약 5만 년 전에 오늘날의 미국 애리조나 주에 떨어진 운석으로 인해 생겨난 충돌구이며 1920년에 처음으로 알려졌다. 이런 운석이나 소행성 등 외계물체 충돌론은 중생대 공룡과 다른 생물 멸종의 유력한 원인으로 꼽는다.

불러. 물론 하늘이 어두워지고 기온이 낮아지고 산성비가 쏟아지고 식물과 동물이 죽는 것은 화산 폭발과 같은 내용이란다. 이런 현상을 핵폭탄이 터지면 비슷한 현상이 생길 것이라 상상해서 '핵겨울'이라고 한단다.

이 주장은 이탈리아와 덴마크, 뉴질랜드 같은 곳의 중생대/신생대 경계층에서 얻은 점토층에는 지구에서는 거의 알려지지 않은 이리듐이 대단히 많다는 것이 밝혀지면서 나왔단다. 또 바위가 녹아 생긴 둥근 알갱이와 강한 충격으로 생기는 특수한 석영

이 발견되면서 외계물체 충돌론은 더욱 자신을 얻었지. 실제 운석이 충돌한 흔적은 달에는 아주 많고 지구에도 상당히 있단다. 달에는 물이 없어 침식되지 않았고 지구에서 땅 위는 침식되어 없어졌고 바다에 떨어진 경우도 있어 눈에 잘 띄지 않기 때문이란다.

한편 외계물체 충돌론을 주장하는 사람들은 2,600만 년 또는 3,200만 년 주기로 생물이 멸종했다고 주장했단다. 그 원인으로 태양을 연성함께 돌아가는 2개의 별이라고 생각해, 태양과 함께 있는 별 또는 10번째 행성이 있어 그 때문에 일정한 시간 간격을 가진 소행성이나 운석이 지구에 충돌한다고 가정했어.

소행성이나 혜성이 지구에 충돌할 가능성은 있어. 실제로 1994년에 레비-슈메이커 혜성이 목성 표면에 충돌한 적이 있잖아? 그런 혜성이나 소행성이 지구와 충돌할 가능성도 얼마든지 있는 거지. 소행성이란 한 마디로 바윗덩어리야. 실제 우주 공간에는 수천 개의 소행성이 날아다니고 있단다. 1990년대 들어 멕시코 유카탄 반도에서는 상당히 정확하게 6,550만 년 전에 생긴 큼직한 운석 충돌구도 발견되었단다.

그러나 요즘은 복합적인 원인이 작용했다고 보고 있어. 말하자면 여러 개의 혜성이 잇따라 충돌했고 화산도 폭발했고 해수면도 낮아졌고 공룡에게 질병도 돌아서, 말하자면 여러 가지 원인들이 복합적으로 작용해서 멸종했다는 거지. 그러므로 공룡도 반드시 외계물체의 충돌로 멸종한 것은 아니고, 서서히 죽어

갈 때 외계 물체들이 떨어져서 마치 그것 때문에 죽은 것처럼 보일 수도 있단다. 그러나 어느 이유가 가장 큰 이유냐 하는 문제는 더 연구를 해야 할 거야.

# 4장.

# 신생대

## - 나와라, 포유동물!

신생대는 6,550만 년 전부터 지금까지를 말해. 그런 점에서 신생대는 오늘날과 가장 가깝고 비슷해. 예컨대, 포유동물이 나왔고 새가 크게 발전했단다. 나무와 숲도 오늘날과 아주 비슷했단다. 다만 신생대 마지막에 빙하기가 주기를 가지고 20번 넘게 되풀이했다는 점이 지금과 많이 달랐어.

# 1. 포유동물의 등장

## 포유동물의 시조, 유대류

### 오리너구리와 유대류

현재는 지구 역사상 사람을 포함한 포유동물이 가장 발달한 시기야. 가장 먼저 나온 포유동물은 트라이아스 말기에 나타났으며 남아프리카와 중국, 서부 유럽에서 화석으로 발견된단다. 어떤 동물일까?

유대류로 보이는 이 동물의 크기는 큰 쥐 정도였으며 곤충과 다른 절지동물들을 잡아먹었던 것으로 보여. 유대류란 캥거루처럼 새끼를 주머니에서 키우는 동물을 말해.

유대류도 태반이 있으며 젖을 먹여 새끼를 키워. 단지 아주 작은 새끼를 주머니에서 키운다는 것이 보통 포유류와 다르단다.

대표적인 유대류는 오스트레일리아에만 있는 캥거루와 코알라, 북아메리카에 있는 주머니쥐 오포섬이야.

오리너구리는 원시 포유류로 알을 낳아 부화해 젖을 먹여 새끼를 길러. 오리너구리는 알을 낳는다는 점에서는 새와 같지만 젖을 먹인다는 점에서는 포유동물과 같은 특징이 있어서 새와 포유류의 가운데에 속하는 생물로 볼 수 있어. 오리너구리는 항문과 생식기가 합쳐져 일혈류(一穴類)라 불려. 일혈류에는 오리너구리와 바늘두더지의 2종이 있으며 현재 오스트레일리아와 파푸아뉴기니 섬과 타스마니아 섬에서만 산단다.

소나 말처럼 태반을 가진 고등 포유동물은 몽골에서 적어도 8천만 년 이상 전인 백악기 후기에 나타났어. 이 포유동물은 곤충을 먹었던 것으로 생각돼. 북아메리카 대륙에서도 확실한 태반 포유동물 화석이 나오지만 몽골보다는 후기란다.

현재 포유류는 약 5,400종 정도가 있으며 박쥐를 포함하여 절반 정도가 쥐 계통이란다.


### 원시 포유류인 빈치류 등장

빈치류라는 말을 들어보았지? 빈치류란 '이빨이 빈약하다' 말하자면 '이빨이 아주 약한 동물'이라는 뜻이란다. 빈치류의 이빨은 대부분의 포유동물의 이빨과는 달리, 이빨 면에 단단한 에나멜이 없고 짧은 막대기처럼 아주 단순하며, 다른 포유류의 이빨에 견주어 아주 약하단다. 빈치류는 태반을 가진 원시포유류로 아르마딜로, 개미핥기, 나무늘보가 이 부류에 속한단다. 빈치류는 언제 나타났을까?

　빈치류 가운데는 개미핥기가 가장 먼저 나와. 개미핥기는 아프리카에서 백악기에 나타나 남대서양이 열리기 전에 남아메리카로 건너온 것으로 보인단다. 나머지 빈치류, 곧 아르마딜로와 나무늘보는 신생대 초기인 약 5천만 년 전에 지상에 나타났던 것으로 보여. 그들은 지상에 나타난 이후 대부분 남아메리카 대륙에서만 살았단다. 실제 남아메리카 대륙은 신생대 수천만 년 동

신생대에 나타난 원시 포유류인 빈치류 아르마딜로와 개미핥기. 아메리카 대륙에 있는 아르마딜로는 빈치류로 개미를 포함한 곤충과 달팽이나 지렁이를 먹고 살며, 개미핥기는 날카롭고 강한 발톱으로 개미집을 헐어내어 개미를 먹는다.

안 다른 대륙과 거의 격리되어 있었다는 것을 생각하면, 이는 피할 수 없는 현상이었다고 생각돼. 나아가 남극 반도 동쪽 끝에 있는 세이무르 섬에서 발견된 유대류와 아르마딜로와 식물 화석을 보면, 남아메리카가 옛날에는 남극과 붙어 있었다는 것을 알 수 있어. 그러나 대륙들이 이동하면서 갈라지면서 맨 마지막으로 남아메리카 대륙이 3천만 년 전에 남극 대륙에서 갈라졌어.

아르마딜로는 다른 태반동물과 달리 피부에서 자라나는 뼈와 같은 성분의 강한 골판 껍데기가 있단다. 그러므로 아르마딜로는 적이 나타나면 골판 껍데기를 굽혀 몸을 둥글게 말아 몸을 보호한단다. 아르마딜로 계통의 멸종한 빈치류는, 요즘 아르마딜로와는 달리, 단 한 장의 공 같은 골판으로 몸을 감쌌던 종도 있었어. 그런 빈치류 가운데 꼬리에 공격용 곤봉을 달고 다녔던 종도 있었단다.

남아메리카에 있었던 개미핥기와 아르마딜로와 땅늘보가 북아메리카 대륙으로 올라가기 시작한 것은 신생대의 늦은 마이오세2,303만 년 전~533만 년 전로 1천만 년 전도 안 되는 아주 최근의 일이란다. 땅늘보란 빈치류의 한 부류로, 나무늘보와 달리 땅에서 나뭇잎을 뜯어먹었던 아주 큰 동물이야. 북아메리카 대륙으로 올라갔던 빈치류 가운데, 건조한 지역에서 살아남은 아르마딜로만 빼고는 모두 멸종했어.

남아메리카에서 살았던 땅늘보는 플라이스토세181만 년 전~11,700년 전 말에서 홀로세11,700년 전~현재 초기에 없어졌어. 실제로 1895년에 남아메리카 남쪽 끝에 있는 동굴에서는 몸집이 큰 빈치류인 땅늘보의 가죽과 배설물이 발견되었단다. 땅늘보 배설물의 나이를 재어보니 1만 3천~1만 1천 년 정도 되었어. 다시 말하면 그 동물이 한 2천 년 동안 그 동굴에서 살았던 거야. 동물의 배설물에 섞인 꽃가루와 식물 조직을 조사해보고 1만 1천 년 전과 1만 년 전 사이에 축축한 풀밭에서 오늘날 보이는 사막 같은 덤불로 바뀌었다는 것을 알았단다. 그곳은 지금 강수량이 연 250밀리미터 정도지만 과거에는 400밀리미터 정도였어. 비가 이렇게 적어지자 풀들이 없어지고 그런 기후에서도 생장하는 너도밤나무 계통만 무성하게 되었단다. 그렇게 되면서 땅늘보는 먹이를 구하느라 고생했다고 생각돼. 결국 환경이 바뀌면서 먹이가 바뀌어 고생하던 동물들이 인간에게 마지막 일격을 받아 멸종된 것으로 보여. 그래도 나무늘보는 지금도 여전히 남아메리카에서 살고 있어.

## 다양한 포유동물의 발달

### 고양이와 개

공룡이 사라진 지구 위에는 어떤 동물들이 나타났을까?

공룡이 없어진 다음에는 포유동물들이 나타났어. 그때 지구는 그야말로 포유동물에게는 낙원과 마찬가지였단다. 포유동물

나무에 매달려서 사는 나무늘보는 가끔 독수리에게 죽음을 당한다.

들을 잡아먹었던 무서운 공룡도 없고 식물도 발달해 먹이도 많
았어. 그런 틈을 타 포유동물은 신생대에 들어오면서 갑자기 발
전하기 시작했단다.

　포유동물은 파충류와 달리 먹이를 먹으면서도 숨을 쉴 수 있
어. 그러므로 포유동물은 먹이를 잘 씹어 먹을 수 있어. 반면 파
충류는 먹이를 먹으면서 숨을 쉴 수 없어 먹이를 제대로 먹지 못
해. 예를 들어, 악어나 도마뱀이 고기를 한 입 뜯어물고 나서 머
리를 쳐드는 건 숨을 쉬기 위해서란다. 이것은 포유동물과 대단
히 큰 차이야.

　동물원이나 텔레비전에서 호랑이를 본 적이 있지? 호랑이와
고양이는 우리 가까이 있는 육식포유류의 대표야. 땅에서 살아

가는 육식포유류는 한결같이 날카로운 송곳니와 발톱이 있어. 그런 육식동물들은 언제 지구 위에 나타났을까?

다른 짐승을 잡아먹고 사는 육식포유류는 약 6천만 년 전에 지상에 나타났던 것으로 보여. 그러나 많은 종들이 없어졌어. 멸종된 유명한 육식동물을 알아보자.

멸종된 동물 가운데 가장 유명한 육식동물이 바로 단도이빨 호랑이야. 위턱의 송곳니가 꼭 단도처럼 생긴 단도이빨 호랑이는 로스앤젤레스의 타르 웅덩이에서 나오는 캘리포니아 스밀로돈이 가장 유명해. 15센티미터는 될 만한 단도 같은 이빨에 찍히면 거의 모든 동물은 비명도 제대로 지르지 못하고 죽음을 맞이했을 거야.

단도이빨 호랑이는 지질시대 동안 몇 차례 발전했단다. 이들은 유대류로 발전한 종도 있고 고양이와 그 계통의 태반동물로 발전한 종도 있어.

단도이빨 호랑이는 플라이오세533만 년 전~181만 년 전 사이에 나타나 1만 년 전에 없어졌단다. 이 단도이빨 호랑이는 250만 년 전 중앙아메리카가 높아지자, 남아메리카 대륙으로 내려와 땅늘보 같은 동물을 공격했으나 최근에 멸종했단다. 단도이빨 호랑이는 환경에 너무 특별하게 적응했다가 환경이 변하면서 비슷한 계통의 다른 동물보다는 약해서 먼저 쉽사리 멸종했던 것으로 보여.

한편 개 계통의 동물은 약 3천만 년 전에 두 부류로 나누어졌단다. 한 그룹이 진화해 오늘날의 개로 발전했어. 다른 부류가 3

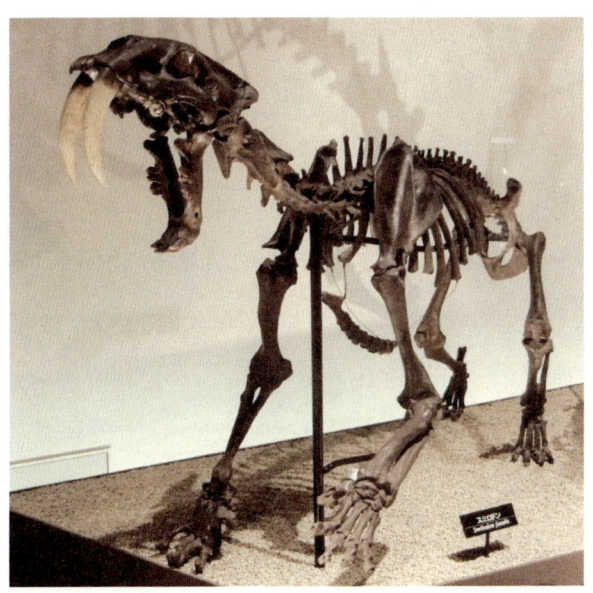

남북 아메리카에서 살다가 1만 년 전에 멸종된 스밀로돈. 사진은 일본 도쿄 국립과학박물관에 전시되어 있는 스밀로돈 골격 표본이다.

천만 년 전부터 700만 년 전까지 생존했단다. 이 부류의 초기 동물은 작은 여우와 비슷했으며 후기에는 큰 늑대 비슷한 동물도 나타났어. 하이에나처럼 크고 튼튼한 어금니를 가졌던 종도 있었던 것으로 보여. 그런 것으로 보아, 그 동물은 이미 하이에나처럼 먹이를 씹어 먹었던 것으로 보여. 그러나 이 부류의 동물이 약 250만 년 전에 멸종한 다음, 개 계통의 동물이 우세해졌단다.

늑대는 1,500만 년 전에 진화해서 사자 다음으로 넓게 퍼져, 유라시아와 북미와 인도와 북아프리카와 중동아시아와 시나이반도와 이집트에도 있단다. 늑대는 치타와는 달리, 그렇게 빠르지는 않아도 떼를 지어 다니면서 끈질기게 먹이를 따라붙는 장거리달리기 선수야. 늑대는 먹은 고기를 토해서 새끼에게 먹여. 젖을 먹는 시기가 끝난 새끼들은 날고기를 그대로 먹지는 못하고 어미 늑대가 토해주는 반쯤 소화된 고기를 먹는단다.

개는 사람의 가장 좋은 친구지? 사람의 말을 알아듣고 사람을 따르는 개는 영리한 동물이야. 개 화석은 적어도 14,000년은 되었단다. 개는 사람이 길들인 동물 가운데 가장 빨리, 지금부터 약 12,000년 전부터 사람과 친했던 것으로 보여. 당시 묻혔던 사람의 뼈와 함께 나오는 네댓 달 된 강아지의 뼈로 보아 개는 그때부터 사람의 친구가 되었다고 생각돼. 신석기 시대의 원시인들이 그린 벽화에도 개는 사람 쪽에 서 있어 사람편이라는 것을 알 수 있단다. 그러나 최근 연구에 따르면 개는 그보다 훨씬 먼저, 약 13만 년 전에 나타났던 것으로 보여.

개는 회색늑대의 변종이 사람 손에 길들여진 것으로 보여. 사람의 말을 잘 듣고 따르고 사람을 도와주면서 사람과 함께 사는 생활에 적응한 거지. 개는 다른 가축들과는 달리, 여러 지역에서 사람과 친해지기 시작했던 것으로 최근에 연구되었어.


말과 소
그렇다면 말과 소는 언제 나타나 어떻게 진화했을까?

말은 조상이 약 5,500만 년 전에 북아메리카 대륙과 유럽 대륙에서 생겼던 것으로 보여. 처음에는 말의 조상이 북아메리카-유럽 사이의 육교를 지나 오갈 수 있었단다. 당시만 해도 대륙이 제대로 이동하지 않아 지금처럼 대서양이라는 드넓은 바다가 없었어. 그래서 북아메리카에서 유럽은 어렵지 않게 건너갈 수 있었어. 물론 두 곳의 기후도 비슷했단다. 실제 에오세 초기 육교는 두 곳이 있었던 것으로 보여. 북극 스발바르 군도를 지나갔던 드지어 경로와 그보다 남쪽의 아이슬란드를 지나갔던 툴리 육교가 그 길이란다. 동물들이 에오세5,580만 년 전~3,390만 년 전 초기에는 이 길을 지나 다른 대륙으로 갈 수 있었어.

그러나 약 5,100만 년 전에 북대서양이 넓어져 육교가 없어지면서 말들은 북아메리카 대륙과 유럽 대륙에서 각각 진화했다고 생각돼. 이때까지만 해도 말은 풀보다는 나뭇잎이나 관목을 뜯어먹었단다. 나뭇잎에는 모래나 흙이 적어 이빨이 덜 닳아 에나멜도 적었고 표면의 기복이 컸단다. 또 말도 그렇게 복잡하게 갈라지지 않았어.

드디어 북아메리카 대륙에서 발달했던 말의 조상이 약 2,400만 년 전에 아시아 대륙으로 건너갔단다. 이어서 말의 조상이 그곳에서 아시아 대륙과 유럽 대륙으로 많이 전파되었어.

말은 500만 년 전까지 여러 종으로 발전했단다. 칼리푸스, 네오히파리온이 모두 이때 나타난 말들이야. 발가락이 3개인 이 말들은 나뭇잎이 아닌 풀을 먹었어.

풀은 말의 먹이로는 상당히 거칠단다. 왜냐하면 땅바닥에서 나는 풀에는 단단한 규소 성분도 있었고 먼지가 덮였기 때문이

야. 이런 풀을 뜯어먹느라 말의 이빨에는 에나멜이 두꺼워졌고
이빨의 표면이 평탄해지고 아주 복잡해졌단다. 질긴 풀을 씹으
려고 진화했던 거야. 이 무렵에 나뭇잎을 먹었던 옛날 말들은 사
라졌어.

마침내 500만 년 전에 발가락이 1개인 말이 나타났단다. 이어
서 약 250만 년 전 오늘날의 말이 마지막으로 북아메리카 대륙에
서 아시아 대륙으로 건너갔고 이어서 유럽과 아프리카로 퍼졌단
다. 또 이때 북아메리카 말이 처음으로 남아메리카 대륙으로 건
너갔단다.

한편 발굽이 소처럼 짝수인 최초의 동물은 약 5,500만 년 전 북

유라시아 대륙의 열대지방에서 생겨난 사향소는 약 100만 년 전부터 북반구의 온대와
한대지방에 적응했고, 빙하기에 베링육교를 통해 북아메리카 대륙으로 건너갔다.

아메리카 대륙과 유럽에 나타나 3,300만 년 전에는 초식포유류 가운데 종이 가장 많아졌단다. 부류별로 좀 더 자세하게 알아보면, 낙타 계통은 4,500만 년 전에 나타났으며 돼지와 하마 계통은 3,700만 년 전에 나타났어. 소와 영양 계통은 3,000만 년 전, 사슴은 2,400만 년 전, 기린은 1,900만 년 전에 나타났단다.

소과의 동물들은 유라시아 대륙의 열대지방에서 생겼으며 후에 평원과 사막과 늪지에 적응하게 되었단다. 들소와 사향소와 큰뿔영양과 산악염소는 약 100만 년 전부터 북반구의 온대와 한대 환경에 적응했어. 이들은 빙하시대 해수면이 낮아졌을 때 땅바닥이 드러난 베링육교를 통해 북아메리카 대륙으로 전파되었단다.

그런데 베링육교는 뭐냐고? 아시아와 북아메리카 대륙은 지금은 80킬로미터 정도의 베링해협으로 떨어져 있어. 그러나 신생대 끝이 되면서 베링해협은 몇 번이나 다리가 되었단다. 바로 빙하기에는 해면이 낮아졌던 거야. 그때는 물깊이가 50미터도 되지 않는 베링해협은 바다가 아닌 땅인 베링육교(陸橋)로, 아시아 대륙과 북아메리카 대륙을 잇는 다리가 되었어.

많은 동물들이 이 베링육교를 건너갔단다. 베링해협이 마지막 다리가 되었던 때는 지금부터 가장 가까운 빙하시대였던 18,000년 전이었어. 그때는 바닷물이 얼음이 되어 남극 대륙과 오늘날의 북유럽-북아메리카 같은 육지 위에 쌓여 얼면서 바다 수면이 지금보다 130미터 정도 낮았단다. 베링육교는 14,000년 전까지

있었어. 지질학에서는 이 베링육교를 베링기아(Beringia)라고
불러.

## 코끼리

현재 땅 위에 있는 동물 가운데 가장 큰 동물은 무슨 동물일
까? 답은 코끼리야. 아프리카 코끼리는 키가 3~3.4미터 정도 되
며 무게는 4~6톤 정도 나가. 6톤이면 50킬로그램 나가는 사람
120명의 무게야! 아프리카 코끼리가 인도 코끼리보다 키도 크고
더 무거워. 코끼리는 코가 길다고 해서 장비류(長鼻類)라고 불

미국 화가 찰스 R. 나이트가 그린 코끼리의 조상인 곰
포테리움 상상화. 화석을 통해서도 알 수 있듯이 곰포
테리움의 앞니는 거의 휘어지지 않았다.

러. 옛날에는 남극 대륙과 오스트레일리아를 뺀 모든 대륙에 장비류 동물들이 있었단다.

코끼리의 가장 나이 많은 할아버지는 메리테리움이란다. 아프리카가 고향인 이 동물은 크기가 요즘 돼지만 하고 수렁이나 늪지를 들락거리며 살아, 반쯤은 물에서 살았던 것으로 생각돼. 요즘 코끼리와는 크기나 사는 모습도 많이 다르지?

그래도 그 동물에게 코끼리 코를 닮은 코가 있었던 것으로 보여. 아마도 그 코를 물 밖으로 내놓았던 것으로 보여. 또 이빨 숫자도 적어지고 상아도 있어, 코끼리의 특징을 갖추고 있었단다.

이 동물은 빨리 진화해, 코끼리 계통에서 가장 먼저 나타난 곰포테르가 3천만 년 전 북동 아프리카에서 나온 것으로 생각돼. 곰포테르는 장비류 가운데 체격이 가장 작고 아래턱과 위턱에 길이 60센티미터 정도의 상아가 각각 2개씩 있어 코끼리나 매머드와는 다르단다. 먹이를 씹는 이빨도 아주 달라. 약 1천만 년 전에 번성해서 장비류 가운데 가장 오래된 부류야. 곰포테르는 요즘 코끼리의 직접 조상이 되었거나 아니면 같은 조상에서 나온 것으로 보인단다.

요즘 코끼리와 비슷한 코끼리는 1천만 년 전에야 나온 것으로 보여. 그 원시 코끼리에서 요즘 코끼리가 나왔던 것으로 생각된단다. 요즘 코끼리 두 종 가운데 인도코끼리는 여러 종으로 갈라졌으며 매머드는 인도코끼리에 가까워. 요즘 코끼리와 매머드는 모두 약 300만 년 전 아프리카에서 한 조상에서 나온 것으로

매머드(왼쪽)와 마스토돈. 매머드는 코끼리보다 훨씬 크며, 마스토돈은 코끼리와 비슷한 몸집이다.

보인단다. 인도코끼리와 매머드의 고향은 아프리카지만 고향을 떠나 아시아와 유럽과 북아메리카 대륙으로 퍼졌어. 이 세 종은 신생대 말 플라이스토세의 빙하시대에도 살아 있었어. 프랑스에서 발견된 2만 5천 년 전 동굴 벽화에도 매머드가 그려져 있단다.

아메리카 마스토돈은 키는 아프리카 코끼리보다 작아 인도코끼리와 같았단다. 몸에는 털이 아주 많았던 것으로 보이며 위에서 이야기했듯이 가끔 두 쌍의 상아가 있었던 마스토돈도 있었던 것으로 보여. 그러나 상아는 길지 않고 위로 비스듬하게 휘어져 있어. 마스토돈은 매머드처럼 위턱에만 난 상아가 아주 길어. 매머드는 털이 무척 길고 코끼리처럼 코와 상아도 길고 추운 데서 살았단다. 1945년에 미국 뉴욕 주 허드슨 강변에서 토탄을 채취하던 인부들이 가장 보존이 잘 된 마스토돈 화석의 하나를 발견했어.

그때 이야기를 좀 더 자세히 해볼까? 그들은 두개골을 발견한 뒤 더 파내려가 나머지 골격을 발견했단다. 그 마스토돈은 똑바로 선 채로 화석이 된 것으로 밝혀졌는데 늪에 빠진 자세 그대로 화석이 된 것으로 보여. 그 화석은 너무나 보존이 잘 되어 있어서 화석을 처음 기재한 그 지방의 의사는 동물이 마지막으로 먹었던 먹이를 알 수 있을 정도였단다! 그는 "약 2인치 조각으로 부스러진, 잔가지에서 지름이 0.5인치인 주로 나뭇가지와 잘게 부서진 나뭇잎으로 된 물질이며 전체 양은 4~6부셸이다."라고 기록했어. 1부셸은 약 36리터, 곧 두 말(斗)이야. 그렇다면 마스토돈의 위장 크기를 상상할 수 있어? 드럼통의 용량이 200리터니까 드럼통 크기로 바꾸어 생각해보렴. 이 마스토돈의 상아 길이는 1.7미터 정도란다.

북아메리카와 시베리아에 살았던 매머드와 마스토돈은 빙하시대를 잘 견뎠으나 빙하시대가 끝나고 홀로세가 시작되면서 완전히 죽어 없어졌단다. 다음에 이야기하겠지만 매머드는 불과 4천 년 전까지 살아 있었어. 아마도 사람이 잡아먹었거나 기후가 따뜻해지면서 죽어 없어진 것으로 생각돼. 반면 코끼리는 살아남았어. 코끼리는 더운 곳에 살면서 그 기후에 적응해 털이 없어진 거야. 그렇지? 곧 매머드와 코끼리는 같은 부류의 동물이지만 매머드는 몸이 긴 털로 덮여 보통 털 매머드라고 불러.

매머드는 중앙아시아 타타르 말로 '땅에 사는 동물'이라는 뜻의 '마무트'에서 유래했단다. 매머드는 키가 3.4미터 정도로 아프리카 코끼리와 비슷하고 몸무게도 비슷해 4~6톤 정도 나갔단다.

그러나 귀는 아주 작았으며 코 끝에는 길고 짧은 '손가락'이 하나 씩 있었어. 길이 2.5미터 정도 되는 한 쌍의 길고 구부러진 상아 가 엉켜 있어 아주 멋있었단다. 몸에 털이 많았던 것으로 보아 매 머드는 시베리아처럼 아주 추운 곳에서 살았다는 것을 알 수 있 어. 실제 지금도 시베리아에서는 매머드 뼈나 냉동된 시체가 많 이 나와. 같은 계통의 동물인데도 사는 곳이 대단히 다르면서 나 름대로 환경에 잘 적응했다는 것을 알 수 있어.

그런데 상아는 어떻게 만들어졌을까? 매머드나 코끼리의 상 징이자 특징인 상아는 위턱의 앞니가 길어진 거란다. 언뜻 생각 하면 송곳니나 어금니가 길어졌을 것 같지만, 송곳니와 어금니 는 턱의 양쪽 옆에 있어, 위턱의 가운데서 나는 상아와는 자리가 달라. 상아의 속은 상아질로 되어 있고 겉 부분은 더 단단한 에

털매머드는 털이 많은 것으로 보아 추운 곳에서 살았다.

나멜질과 석회질로 덮여 있어.

상아는 많은 비밀을 간직하고 있단다. 상아를 잘라서 갈아보면 성장 상태에 따라 나이테 같은 둥근 테가 있어. 먹이가 많아 매머드가 잘 먹었으면 테가 넓고 영양이 부족하면 좁아. 또 새끼를 낳으면 새끼에게 칼슘을 뺏겨서 나이테가 좁고 그렇지 않으면 넓단다. 또 상아 속에 아주 조금 들어 있는 탄소나 질소 같은 성분을 조사하면 무슨 먹이를 먹었는지도 알 수 있어. 먹이에 따라 성분이 다르기 때문이란다.

수천 년 전에 죽은 매머드 화석의 상아를 연구한 결과 매머드는 상당히 잘 먹었다는 사실을 알았단다. 우리가 흔히 생각하듯이 굶어죽은 게 아니란 말이지. 또한 매머드는 새끼를 많이 낳았어. 동물이 새끼를 많이 낳는다는 것은 많이 죽음을 당했다는 것을 말해. 다시 말하면 죽어 없어지는 종족을 채우려고 새끼를 많이 낳는 거야. 아마도 사람이 매머드를 없애면서 매머드가 새끼를 많이 낳았으나 결국 멸종한 것으로 보여.

### 해표류

동물원에서 재주를 부리는 귀염둥이 물개는 언제 지구 위에 나타났을까?

물개는 크게 해표류에 들어가. 해표류는 고기를 먹는 포유동물로 물속에서 살고 네 발이 지느러미인 동물을 말해. 물개와 해표와 바다코끼리가 대표적인 해표류란다. 그러나 따뜻한 바다

에서 사는 듀공이나 매너티는 초식동물이므로 해표류에 들어가
지 않아.

해표류의 조상은 오랫동안 비밀에 싸여 있었지만 지금은 상당
히 잘 알려져 있단다. 해표류는 네발동물의 네 발에 해당하는 지
느러미가 있다는 점에서 육상에 살았던 포유류가 바다로 발전한
것임이 틀림없어. 또한 해표류의 지느러미로 보아 해표류가 같
은 조상에서 진화했다는 것을 알 수 있단다. 해표류는 윗어금니
가 단 2개인 점으로 보아 곰이나 너구리나 족제비와 조상이 같은
것으로 보여.

'바다곰'으로 알려진 가장 오래된 해표류의 화석은 미국 서쪽
캘리포니아 주에 있는 약 2,300만 년 전의 지층에서 나왔단다. 뼈
가 약간 흩어졌으나 오늘날 해표류에서 볼 수 있는 골격, 곧 노

같은 지느러미로 발달한 앞다리와 뒷다리를 가지고 있어, 주인공이 해표라는 것을 한눈에 알 수 있어. 이 해표의 앞어금니는 초기의 곰 이빨과 비슷해, 땅에 살았던 육식동물이 조상이라는 생각을 하게 한단다.

가장 오래된 해표 화석이 북대서양 연안에서도 발견되지만 충분하지 않아. 그러나 해표가 북태평양에 살았던 것은 확실해, 약 700만 년 전에는 태평양까지 발전했단다. 이들은 남아메리카의 북쪽까지 올라오는 먹이가 풍부한 훔볼트 해류에서 살았던 것으로 생각돼. 한편 미국 동해안 뉴저지 주의 해안에서 1938년에 발견된 약 2만 년 전에 살았던 바다코끼리의 화석을 보면 바다코끼리는 빙하시대에 미국 동해안의 중부지방에서도 살았던 것으로 보여. 바다코끼리 화석은 다른 포유류의 화석들과 함께 발견되었단다.

한편 물개와 바다코끼리는 북태평양에서 개의 조상과 비슷한 동물에서 발전했고 해표는 북대서양에서 수달과 비슷한 동물에서 진화했다는 주장도 있단다. 물속 생활에 적응하면서 해표의 귓바퀴는 완전히 없어졌고 물개의 귓바퀴는 아주 작아졌어.


낙타

우리는 흔히 낙타를 '사막의 배'라고 불러. 그러나 아랍 사람들은 사막을 '모래로 된 바다'라고 부른단다. 바다는 물로 되어 있다는 것을 생각할 때, '사막은 모래로 된 바다'라는 말은 일리가 있어. 그 사막에 적응한 귀중한 낙타는, 위에서 이야기한 대로, 약 4,500만 년 전에 북아메리카에서 나타났단다. 처음에는 몸도 작았고 낙타의 상징인 혹도 그렇게 크지 않았어. 시간이 가면서 진화해 몸집과 혹이 상당히 커졌지만, 북아메리카 대륙을 벗어나지 못했어.

그러다가 북아메리카 낙타는, 플라이스토세 빙하기에 베링육교가 생기자 아시아 대륙으로 건너갔단다. 드디어 중앙아시아에서 혹이 2개인 큰 낙타로 발전했어. 한편 북아메리카에서 건너온 낙타의 일부는 소아시아를 지나 아프리카 대륙으로 건너갔단다. 그러므로 지금은 중앙아시아, 곧 고비 사막에는 혹이 2개인 쌍봉낙타가 있고 남서아시아와 사하라 사막에는 혹이 하나인 단봉낙타가 있어. 단봉낙타는 완전히 가축이 되었고 쌍봉낙타는 아직도 야생이 있어. 오스트레일리아에도 야생 낙타가 있지만 사람이 데려온 낙타란다.

한편 북아메리카 낙타는 드디어, 위에서 말한 대로, 250만 년 전 중앙아메리카가 높아지자 남아메리카 대륙으로 내려갔단다. 그곳에서 낙타는 상당히 높고 건조한 곳에서 적응하면서 몸이 작아지면서 네 종으로 진화했어. 야마, 비쿠냐, 알파카, 와나코가 그 낙타의 후손들이란다. 야마와 와나코가 가장 커서 사람 키 정도야. 알파카와 비쿠냐는 약간 작지만 털이 아주 길고 좋단다. 이들은 안데스 산맥부터 파타고니아까지 퍼져서 살아. 남아메리카 원주민들은 이 동물들의 고기를 먹고 가죽과 털을 옷감으로

낙타

비쿠냐

야마

알파카

와나코

남아메리카에는 낙타 계통의 동물이 4종 있다. 낙타는 북아메리카에서 남아메리카 대륙으로 내려가서 높고 건조한 곳에 적응하여 몸집이 작아지면서 4종으로 진화했다. 야마, 비쿠냐, 알파카, 와나코가 낙타의 후손들이다.

쓰고 배설물을 연료로 쓰면서 살기 때문에 그들에게 없어서는 안 될 아주 중요한 동물이란다. 이 동물들은 낙타와 같은 계통이지만 흔히 생각하는 낙타와는 달리 혹도 없고 체격도 작아. 대신 털이 아주 길단다.

낙타도 환경에 적응해 추운 곳에서 사는 쌍봉낙타는 털이 길며 여름에 털갈이를 한단다. 낙타의 혹은 지방덩어리로 그 덕분에 낙타는 6달 동안 먹이를 먹지 않고도 살 수 있단다. 낙타는 전 세계에 약 1,500만 마리가 있으며 야생 낙타도 2만 마리 정도 있단다.

# 가장 작은 포유동물은 6센티미터!

현재 살아 있는 포유동물 가운데 가장 큰 동물은 고래야. 그렇다면 가장 작은 포유동물은 무슨 동물일까?

현재 지구 위에 살아 있는 가장 작은 포유동물은 뾰족 뒤쥐의 일종이야. 크기는 주둥이 끝에서 꼬리 끝까지 6센티미터 정도로 어른의 새끼손가락보다 작아.

그러나 지금부터 약 5,400만 년 전에는 그 크기의 절반 정도, 곧 엄지손가락 첫마디보다 작은, 그야말로 초미니 뾰족 뒤쥐가 있었단다. 이 뾰족 뒤쥐는 지금의 뾰족 뒤쥐처럼 작은 곤충을 먹었던 것으로 생각된단다. 이 뾰족 뒤쥐가 속한 쥐 계통은 지금부터 5,600만 년 전인 신생대 팔레오세 말기에 나타났어(팔레오세는 6,550만 년 전부터 5,580만 년 전까지를 말해). 이 뾰족 뒤쥐의 아래턱은 9밀리미터도 되지 않고 가장 큰 이빨도 0.75밀리미터 정도로 좁쌀보다 작아. 이런 화석을 어떻게 찾아냈을까?

미국 와이오밍 주의 석회암에서 발견된 대단히 작은 이 뾰족 뒤쥐의 화석은 석회암 덩어리를 산으로 녹인 다음 현미경으로 찾아냈어. 그러나 그렇게 작은 동물이 있으리라고 짐작해서 찾아낸 것은 아니란다. 산에 녹지 않는 물질들을 현미경으로 보다가 우연히 작은 턱뼈 화석들과 이빨 화석 13개를 찾아냈던 거야.

## 2. 신생대에도 파충류는 살아남아

### 악어의 생존 비밀

중생대 말에 살아남은 악어는 신생대에 들어오면서, 크로커다일에서 가비알이 나온 것으로 보여. 가비알 화석은 남북 아메리카에서 발견되지만 현재 가비알은 아시아에만 산단다. 이런 점으로 보아 가비알은 신생대 전기에 아프리카와 유럽에서 남북 아메리카로 건너왔을 거야. 당시에는 대서양이 지금보다 훨씬 좁고 얕았거든. 또 아프리카의 가비알이 아시아로 건너왔어. 유럽에서는 가비알이 2천만 년 전에 멸종된 반면, 아시아에서는 지금까지 살고 있단다.

그 밖에도 몇 부류의 악어 계통 파충류들이 나타났다 사라졌어. 예를 들어 신생대 초기에 나타난 악어 계통의 동물이 연안의 얕은 물속에 살았단다. 이 동물들은 주둥이가 대단히 길고 날카로워 물고기를 잡아먹기에는 안성맞춤이었어. 길이가 6미터 정도인 그 친척 동물의 턱은 더 짧고 튼튼했단다. 게다가 시간이 가면서 이빨이 두꺼운 껍데기를 깨기에 아주 좋아져, 거북을 깨뜨려 먹었던 것으로 보여. 거북을 먹었던 동물은 크기가 9미터는 되었을 거야.

남아메리카에서 나오는 화석으로 보아, 땅 위에서 살았던 악어 계통의 동물 한 종은 신생대 말 남북 아메리카 대륙이 연결되어 커다란 육식동물이 내려올 때까지 살았단다. 그 악어 계통의 동물은 육식동물이 내려오면서 신생대 초기인 에오세에 바로 멸종된 것으로 보아, 이들 동물에게 죽음을 당한 것 같아. 실제로 지금도 아프리카에서 사자와 악어가 싸운다면(아마도 그런 일은 거의 없겠지만 만약 싸운다면) 사자가 이긴단다. 악어는 어미 하마에게 죽는 수도 있어. 또 남아메리카에 사는 카이만 악어는 재규어나 아나콘다 뱀에게 죽어.

그런데 악어는 어떻게 해서 멸종되지 않고 지금까지 살아남을 수 있었을까? 악어가 중생대에 나타나 지금까지 살아남을 수 있는 비결은 콧구멍과 눈이 머리 위쪽으로 올라갔기 때문이란다. 곧 물속에 숨어서 숨도 쉬고 먹이의 위치와 움직임을 알 수 있어서 먹이를 잡는 데 큰 어려움이 없었기 때문이야. 동물은 먹이를 구하지 못하면 죽고 말아.

악어의 원추형 이빨은 먹이를 잡고만 있지 끊거나 씹지 못해,

먹이를 잡으면 물속으로 끌고 들어가 익사시켜. 다음에는 먹이를 물고 몸을 돌려서 뜯어먹는단다.

## 뱀의 식사법

중생대 백악기에 나타난 뱀은 신생대 들어와서도 발전했어. 5천만 년 된 독일의 지층에서 가는 갈비뼈 하나하나가 구별될 만큼 보존이 아주 잘된 뱀 화석이 나왔거든. 척추가 250개를 넘어 500개나 되는 뱀도 있었단다.

뱀은 먹이를 얻는 방법을 2가지로 개발했단다. 힘으로 먹이를 조여서 죽이든가 아니면 독으로 죽이는 방법이야. 몸집이 큰 피톤뱀이나 보아뱀은 먹이를 감아서 죽여. 비단뱀도 몽구스를 조여서 죽인단다. 반면 독으로 죽이는 방법에는 보통 독니를 쓰지만 독을 뿌리는 뱀도 있단다. 이런 뱀의 독이 눈에 들어가면 눈을 빨리 깨끗한 물로 씻어내고 병원에 가서 치료를 받아야 해.

흔히 뱀을 무서워하고 섬뜩하게 생각하는데 그럴 필요는 없단다. 왜냐하면 뱀은 먼저 공격받지 않으면 상대를 공격하지 않거든. 뱀은 성경과 동양의 12간지에도 나올 정도로 사람과 아주 가까운 동물이란다.

# 3. 신생대 새들의 변화

## 아주 큰 새와 무서운 새

백악기 후기에 있었던 물새는 중/신생대 경계를 살아남아 신생대에 들어오자마자 크게 번성했단다. 바로 '현대새'가 나왔던 거야. 미국과 영국과 독일과 프랑스의 신생대 에오세 지층에서 발견되는 '현대새'와 물새를 섞어놓은 것 같은 새들인 홍학이나 오리나 따오기 화석들이 증거야. 그 시대까지는 노래를 잘 부르는 연작류(燕雀類)를 빼고는 모든 새들이 나타났단다. 실제 새들은 신생대가 시작한지 500만~1천만 년 동안 뚜렷이 발전했어.

신생대 들어 새들이 두 번째로 크게 폭발하듯 발전한 것은 올리고세 후기에서 마이오세이며 이때 연작류가 크게 발전했단다. 연작류는 현재의 조류 약 9천 종에서 60퍼센트가 넘는 약 5,700

종이나 돼. 그러므로 새는 아주 오래 전에 나타나 지금도 종이 아주 많아 크게 발달한 고생물 가운데 한 부류란다.

신생대 들어 과거와 달리 키가 3~4미터에서 2~3미터나 되는 아주 큰 새들이 남아메리카대륙에 나타났단다. 예컨대, 지금부터 약 6,200만 년 전에 지상에 나타났어. 실제 남극반도<sub>남극대륙에서 북쪽으로 뻗어 드레이크 해협을 두고 남미와 마주 보고 있는 반도</sub> 근처에 있는 작은 섬에 있는 5,500만 년 전 지층에서도 크기가 18센티미터에 이르는 새 발자국 화석이 발견되었단다. 아마 남아메리카 대륙에 있었던 무서운 새의 발자국일 거야. 남극 반도는 약 3천만 년 전 남아메리카 대륙과 갈라졌어. 이렇게 크고 무서운 새의 화석은 1887년 아르헨티나 파타고니아 지방의 1,700만 년 된 산타크루스 지층에서도 발견되었어.

그런데 무서운 새(terror bird)가 뭐냐고? 무서운 새는 250만 년 전까지 남아메리카 대륙에서 살았던 새야. 둥지를 땅 위에 만들었던 이 새들은 아주 무서워, 말의 조상처럼 작은 포유동물들을 잡아먹었어. 먹이가 나타나면 조용히 숨어 있다가 쏜살같이 따라가 부리로 때려 기절시키고 찢어 먹거나 꿀꺽 삼켰단다.

고생물학자들은 1800년대 후반 아주 큰 새의 화석을 발견한 뒤, 그 새가 먹이를 잡는 방법을 상상했단다. 어떤 고생물학자는 이 새들이 지금의 독수리나 매처럼 먹이를 잡는다고 상상했어. 그러나 다른 의견도 많았어. 독수리나 매처럼 날기에는 몸이 너무 크고 무겁기 때문이야.

화가 조지 에드워드 로지가 1907년에 그린 모아새 그림(왼쪽). '공룡'이라는 이름을 지은 리처드 오언 경이 처음 발견된 모아 화석을 들고 모아새와 같은 계통인 '큰 모아' 골격 옆에 서 있다.

드디어 1899년 영국의 고생물학자가 남아메리카 초원 지대에서 무서운 새와 습성이 가장 가까운 세리에마새 두 종, 곧 붉은 다리 세리에마새와 검은 다리 세리에마새를 발견해서 논쟁은 끝났어. 세리에마새들은 모두 키가 70센티미터 정도이며 몸은 가볍고 다리와 목은 길고 시속 60킬로미터 정도의 속도를 낼 수 있어. 이 새들은 숨어서 곤충과 도마뱀과 작은 포유동물과 새 같은 먹이에게 가까이 다가갔다가 쫓아가서 잡아. 세리에마새는 작은 나무 위 4~6미터 높이에 나뭇가지로 둥우리를 만들어. 반면 무서운 새는 둥우리를 땅 위에 만들었어.

몸집이 아주 큰 새는 최근까지도 있었어. 뉴질랜드 원주민이 수백 년 전에 멸종시킨 모아새가 그것이야. 이 새는 20종 가까이 있었는데, 가장 큰 종은 키가 3.9미터 정도나 되었단다. 지금도 지름이 20센티미터가 넘는 그 새의 알이 간혹 발견돼. 그러나 모아새는 물가에서 조개나 새우를 잡아먹고 살았던 상당히 온순한 새였단다. 이 새는 새로써는 몸집이 아주 컸지만 결국은 사람이 죽여 없앴단다. 타조도 크지만 모아새는 더 컸어.


## 남극의 신사 펭귄은

남극의 상징인 펭귄의 조상은 지금부터 약 6천만~5천만 년 전에 온대지방에 살았던 물새라고 생각된단다. 당시 물 위에서 살

남극을 상징하는 펭귄은 남극에도 있지만, 그 북쪽에도 있다.

면서 잠수해 먹이를 찾던 물새가 완전히 물속에서만 먹이를 잡으면서 살기로 작정해 진화한 것으로 생각돼. 중위도에서 살았던 펭귄의 조상은 남쪽과 북쪽으로 나누어져 적도에서도 살아. 바로 갈라파고스 펭귄이란다. 남쪽으로 내려간 펭귄은 남극과 남극 일대에 있는 섬에서 살아.

새의 화석이 많이 나오지 않고 게다가 펭귄의 조상 화석은 더 나오지 않아 펭귄 조상을 찾기는 쉽지 않아. 그래도 날개뼈나 발뼈로 몸의 크기를 추정해. 우리가 지금 볼 수 있는 펭귄의 크기는 날개뼈의 8~9배 또는 발뼈의 17~19배 정도야. 그러므로 화석으로 상상하는 펭귄의 크기는 서로 달라. 또 펭귄의 뼈 화석은 다른 새의 뼈 화석과 달리 뼈의 속이 꽉 차 있어서 주인공이 펭귄이라는 것을 알 수 있단다. 곧 펭귄은 물에 떠서 사는 새가 아니어서 몸을 무겁게 했어. 반면 날아다는 새들은 몸을 가볍게 하느라 뼈의 속이 비어 있단다.

펭귄의 조상 가운데 하나는 지금의 펭귄보다 훨씬 커, 약 4천만 년 전의 펭귄은 키가 1.6미터에 몸무게는 90~136킬로그램 정도 나갔단다. 아주 뚱뚱한 사람의 무게와 비슷했어. 이런 펭귄 화석은 뉴질랜드와 남극 반도 가까운 섬에서 발견돼.

펭귄이 물속 생활에 적응하게 된 과정은 크게 3가지로 설명돼. 첫째는 땅 위를 걸어 다니면서 살던 새가 곧장 물속으로 들어와 물속을 헤엄치게 되었다는 설명이야. 두 번째는 날아다니던 새가 나는 능력을 잃고 땅 위에 살다가 물속으로 생활 영역을 넓혔다는 설명이야. 세 번째는 날아다니던 새가 물에서도 날고 물 위에서 헤엄치다가 적응해 물속을 헤엄치기 시작하면서 물 위 생활을 포기하고 물속을 헤엄쳤다는 설명이야.

펭귄을 오래 연구한 학자는 펭귄의 생리와 뼈대와 생물의 발달 방식을 고려해 세 번째 설명을 지지했어. 첫 번째 방법은 생물이 갑자기 살던 방식을 바꾸기 힘들어 맞지 않다고 생각돼. 두 번째 설명도 비슷해. 땅 위에서 살거나 날아다니던 새가 갑자기 사는 곳을 물속으로 갑자기 바꾼다는 것은 어려울 것 같아. 그보다는 세 번째 설명이 이치에 더 맞아. 물 위에서 살았던 동물이 사는 곳을 물속으로 바꾸었다는 것은 그럴듯하지. 한편 수면에 닿을 듯이 날아가면서 살았던 물새가 물속으로 사는 곳을 바꾸어 헤엄치면서 살게 되었다는 의견도 있어.

# 4. 신생대는 활엽수 시대

　신생대에 들어와서는 활엽수들이 크게 발전해, 산과 들이 푸른 나무와 풀로 덮이기 시작했단다. 또 곤충이 많아지면서 열매를 맺는 식물들이 생기기 시작했단다. 열매를 맺는 찔레꽃, 곧 야생장미 계통이 열매를 맺는 식물 가운데 가장 먼저 나타난 것으로 생각돼. 시간이 가면서 열매를 맺는 식물들이 많아졌어.

　신생대 중기에는 풀이 나타나, 당시 발전했던 초식동물의 먹이가 되었어. 풀 가운데 콩이나 밀 또는 보리처럼 낱알을 먹을 수 있는 식물도 많았단다. 이런 식물들은 신생대 후기까지 발달했고, 사람의 눈에 띄어 재배되기 시작했어. 올리브나 포도 같은 과일도 마찬가지야.

　신생대 3,400만 년 전부터 얼음으로 덮이기 시작한 남극 대륙이나 300만 년 전부터 얼음으로 덮인 북극은 기온이 낮고 건조해

보통 식물은 잘 살지 못한단다. 그러므로 꽃피는 식물이 많지 않은 대신 이끼나 지의류가 발달해. 그래도 식물의 생명력은 아주 강해서 위에서 말했듯이 약간의 빛과 물이 있는 바위 표면 아래 갈라진 틈에서도 생장해.

신생대 후기에는 기온이 좀 낮아졌지만, 그렇게 낮아지지는 않아서 식물의 세계는 크게 달라지지 않았단다. 신생대 말기 약 200만 년 동안은 땅의 상당 부분이 얼음으로 덮인 빙하기와 얼음이 녹은 간빙기가 되풀이되었어. 그에 따라 숲이 풀밭으로 바뀌었단다. 그래도 아마존 강 같은 열대지방의 큰 강 주변에는 숲이 무성했어.

가문비나무나 잣나무, 소나무 같은 침엽수는 북쪽이나 높이가 높은 곳처럼 기온이 약간 낮은 곳에서 잘 자라. 반면 야자나무

지중해 지방에 많은 올리브나무. 올리브나무는 신생대에 등장한 식물이다.

나 빵나무, 덩굴식물, 양치식물 같은 식물들은 열대지방에서 잘 자라지. 난초도 마찬가지야. 온대숲도 마찬가지지만 열대숲에는 식물들이 워낙 많아, 전문가가 아니면 식물들의 이름을 어느 정도라도 말하기 쉽지 않을 정도로 수많은 종의 식물이 번성한단다.

우리는 열대 아마존 정글처럼 우거진 숲을 보기 힘들어 숲의 가치를 잘 몰라. 그러나 열대지방의 우거진 숲에 사는 사람들에게는 숲은 아주 귀중한 존재란다. 먼저 숲에는 빵나무, 바나나, 야자나무, 파인애플, 망고, 파파야, 사고야자나무를 포함하여 먹을 수 있는 식물이 아주 많단다. 땅속에는 타로감자 같은 야생감자를 비롯해 구근류도 아주 많아. 또 숲에는 재규어처럼 무시무시한 맹수도 있지만 야생돼지, 맥, 원숭이처럼 사람이 잡을 만한 네발동물들이 적지 않아. 강에는 카피바라 같은 설치류와 물고기가 있단다. 나아가 숲에서 나는 것으로 집을 짓고 옷을 만들고 땔감으로 쓰고 일상도구를 만들어 모든 생활을 숲에서 해결할 수 있어.

# 5장.
# 600만년 전
## - 아프리카에서 사람이 나타났어

사람도 크게 보면 척추동물의 하나야. 그러나 그렇게 생각하기에는 사람은 다른 척추동물과 다른 점이 너무나 많아. 그들과 같다고 생각할 수 없어. 사람이 다른 동물들과 가장 다른 점은, 잘 알다시피, 지능이 아주 높다는 점과 불을 만들 줄 알고 글을 쓴다는 점이야.

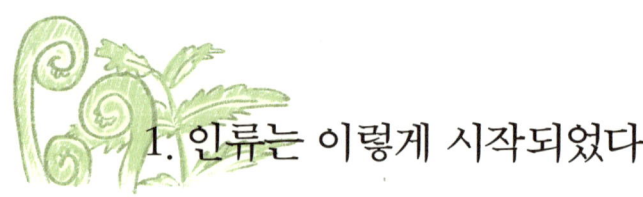

# 1. 인류는 이렇게 시작되었다

### 두 발로 걸었던 여자 원시인 '아르디'

사람의 조상은 언제 어디에서 나타났을까?

화석으로 보건대 사람 계통의 먼 조상은 약 600만 년 전 아프리카에서 나타난 것으로 보인단다. 화석이 불충분하지만 그는 벌써 두 다리로 서서 살았던 것으로 보여. 그러나 우리처럼 땅 위에서 살지는 못했고 주로 나무 위에서 열매를 따먹고 다른 동물에게서 숨어서 살았다고 생각돼. 그때만 해도 표범과 사자 같은 고양이 계통의 네발동물과 독수리 같은 무서운 짐승들이 우글거렸을 거야. 그런 동물들이 보기에는 사람 조상들은 아주 잡기 쉬운 먹이의 하나였을 거야. 당시의 원시인들은 도구도 만들 줄 몰랐고 나무에 달린 열매와 나뭇잎과 부드러운 순 정도를 따먹고 살았을 거야. 그래도 가족이 모여 살아 숫자는 점점 많아졌단다.

그러다가 440만 년 전 땅 위에서 살았던 종이 나타났어. 바로 에티오피아에서 발견된 '아르디'라는 여자 원시인 화석으로 키 120센티미터, 몸무게 54킬로그램 정도의 뚱뚱한 몸집이야. 아르디는 불편하나마 두 발로 서서 걸었고 팔을 자유롭게 썼어. 아르디와 함께 발견된 화석을 통해, 인간의 조상은 예전에 생각했듯이 초원이 아니라, 상당히 큰 나무가 있는 숲속에서 살았다는 것이 처음으로 알려졌어.

그 후 약 390만 년 전에 나타나 90만 년 정도를 살았던 원시인은 탄자니아 지방에 확실한 발자국 화석을 남겼단다. 그들이 땅 위를 걸었다는 증거야. 탄자니아의 래톨리 화산재 위에 찍힌 360만 년 전의 발자국 흔적을 보면 부부로 보이는 두 사람 또는 가족으로 보이는 세 사람의 원시인이 걸어갔다는 것을 알 수 있어. 뇌부피도 작아 400~500시시에 키도 140센티미터 정도야. 팔은 길고 다리는 짧았으나 그래도 두 다리로 걸었다는 점이 원숭이 계통의 동물들과는 완전히 달랐단다.

당시 그들의 모습을 상상해 보자. 자그마한 키에 긴 팔로 나뭇가지를 잘 잡았고 나무도 잘 탔겠지. 어떻게 보면 커다란 침팬지처럼 보였을지도 몰라. 그래도 그들은 침팬지와는 바탕이 달라, 두 다리로 걸으면서 무서운 사자들이 나타나면 자기네끼리만 통하는 괴상한 소리로 신호를 하고 높은 나무 위로 달아났을 거야. 사자들이 사라지면 안도의 신호를 하고 나무 아래쪽으로 내려와 열매와 잎을 따먹었겠지.

그 후에 나타난 원시인도 다른 무서운 동물에게서 살아남으려고 고생했어. 그들은 가족끼리 모여 단체 생활을 하면서 주로 숲에서 얻을 수 있는 식물성 음식을 먹었을 거야. 돌도구를 만들었고 불이 좋다는 것을 알았을 거야. 그들은 때로는 작은 동물들도 사냥했다고 생각돼. 반면 원시인은 나무를 잘 타는 표범에게는 먹이가 되는 수도 있었을 거야. 그래도 그들은 고기를 먹으면서 뇌도 커졌어.

시간이 가면서 인류의 새로운 계통인 네안데르탈인이 나타났어. 그들은 죽은 사람을 위하여 시체 둘레에 꽃으로 장식해 장례도 지냈지만, 먹을 것이 없었을 때에는 같은 종족도 잡아먹었단다. 뇌의 부피가 현대인보다 더 컸던 그들은 주로 유럽에서 살다가 늦게 나온 현대인에게 멸종당했다는 설명이 가장 설득력이 높아. 그래도 그들은 큰 동물들을 둘러싸서 창으로 잡았어.

마침내 20만 년 전, 동아프리카에서 오늘날 우리와 똑같은 호모 사피엔스가 나타났어. 그들은 머리도 커졌고 눈도 좋아졌고 두 다리로 똑바로 걸으면서 두 팔을 아주 자유롭게 썼단다. 활도 만들어 나무 위처럼 올라가기 쉽지 않은 곳에 있는 새나 먼 곳에 있는 짐승을 사냥할 수 있었어. 그들은 수치심도 있어 동물 가죽으로 만든 옷도 입었어. 추울 때에는 동굴 속에 모여 살면서 동굴의 벽과 천장에 그림을 그렸단다.

# 인류가 다른 포유동물들을 멸종시켰을까?

마지막 빙하기에는 북아메리카의 북쪽 절반 이상이 1~2킬로미터 두께의 얼음으로 덮였단다. 알래스카 남쪽도 얼음으로 덮였지만 내륙과 북쪽은 땅이었어. 유럽과 북대서양 북쪽도 얼음으로 덮였단다. 예를 들어, 영국 대부분 지역과 스칸디나비아 반도와 아이슬란드와 그린란드는 얼음으로 덮였어. 아시아 대륙에서는 북쪽의 절반 이상이 얼음으로 덮였단다. 유럽과 남아메리카와 아시아에서 높은 데도 얼음으로 덮였어.

그때는, 앞에서 이야기한 대로 베링기아로 동부 시베리아가 알래스카와 붙어 있었어. 그러자 아시아 사람들이 지금부터 2만년 전~1만 5천 년 전에는 서해안을 따라 내려왔단다. 그러나 북아메리카 대륙의 반을 덮은 얼음 때문에 사람이 얼음 위로는 북아메리카 남쪽 땅으로 내려올 수는 없었단다. 마침내 1만 4천 년전 지구가 따뜻해지자 얼음으로 덮인 로키 산맥과 캐나다 북동지방 사이, 지금의 캐나다 에드먼튼 부근을 포함한 지역의 얼음이 녹았어.

그러나 사람들은 얼음이 없는 알래스카 가운데 지역에서 얼음이 녹아버린 긴 지역을 따라 에드먼튼 부근에 1만 1,500년 전에 도착했어. 그들이 북아메리카 대륙의 가운데 지역으로 내려와 파나마까지 가는 데 500~600년 정도 걸렸어. 또 그들은 남아메리카 대륙으로 내려가 1만 500년 전 무렵에는 대륙의 끝 가까운 곳에 도착했어. 그러므로 남아메리카 대륙을 종단하는 데 겨우 500년도 걸리지 않았단다.

사람이 많아지고 퍼지면서 드디어 그들은 커다란 흔적을 남겼던 것으로 보여. 바로 플라이스토세 말기에 아시아 대륙과 남북 아메리카 대륙에 있었던 몸집이 큰 초식 포유동물들을 없앴다는 의심을 받은 거지. 왜 그런 의심을 받을까?

먼저 북아메리카에 살았던 큰 포유동물, 예를 들면, 매머드와 마스토돈과 사향소와 말과 낙타와 남아메리카 대륙에서 살았던 코끼리 계통의 동물과 말과 땅늘보 같은 몸집이 아주 큰 초식동물들이 플라이스토세 말기인 지금부터 1만 2천 년을 전후해서 갑자기 멸종했어. 멸종에 걸린 시간은 짧으면 1~2천 년에서 길어봐야 5천 년 사이야. 물론 초식동물들이 없어지면서 고기를 먹는 동물들도 없어졌어. 또 유럽과 아시아 대륙 북쪽 지방에 살던 매머드도 멸종했어. 이 지역의 매머드는 좀 빨리 없어져 대부분이 1만 8천~1만 4천 년 전 사이에 없어졌어. 그러나 동부 시베리아 북쪽 북극에 있는 브랑겔 섬에서는, 위에서 말한 대로 아주 최근인 3,900년 전까지 살아 있었단다.

그 멸종에는 크게 두 주장이 있단다. 첫 번째는 기후가 따뜻해지면서 저절로 멸종했다는 주장이야. 두 번째는 아메리카 대륙의 경우, 원주민들이 잡아먹었다는 주장이란다.

첫 번째 주장을 좀 더 자세하게 살펴보자. 마지막 빙하기가 끝나면서 바람과 기후가 바뀌면서 강과 호수와 숲과 땅과 나무와 풀이 바뀌었어. 얼음이 녹으면서 바람 부는 것도 달라지고 비 오는 것도 달라지면서 새로운 강과 호수가 생기고 땅이 습해지거나 건조해지면서 식물이 바뀌기 시작했어. 새로운 숲이 생기기도 했고 없어지기도 했어. 땅 위가 바뀌고 지형이 바뀌었단다. 또 날씨가 더워지고 건조해지면서 그런 환경에서 잘 크는 풀들이 많아졌던 거야. 이런 일은 충분히 일어날 수 있어. 풀의 영양분도 달라서 시원하고 더운 곳에서 자라는 풀들이 더 많은 동물들을 먹여 살릴 수 있어. 반면 덥고 건조한 곳에서 자라는 풀들은 영양분이 적어 많은 동물들을 먹여 살리지 못해.

날씨가 더워지면서 풀의 종과 양이 풀을 먹고사는 동물들에게 맞지 않게 되기 시작했단다. 또 풀이 없어지고 나무가 많아졌어. 그러자 풀을 먹고사는 큰 동물들이 굶어서 쓰러지기 시작했을 거야. 작은 동물들은 풀을 따라갔지만 큰 동물들은 그렇지 못했다는 설명이란다.

그러나 이 주장에도 약점이 있어. 아프리카에 있는 큰 동물들은 물과 풀을 찾아 수백 킬로미터를 오가잖아. 그렇다면 빙하기 말기의 동물들은 그렇게 못했을까?

그러므로 북아메리카 대륙의 수많은 초식동물들이 단지 기후가 달라져서 멸종했다고 보기는 힘들어. 또 크고 작은 빙하기는 지금부터 160만 년 전까지 북아메리카 대륙에서는 스무 번 이상 있었단다. 그러나 그때마다 그렇게 큰 동물들이 죽었다는 증거는 거의 없단다. 마지막 빙하기를 넣어 단 두 번 정도 큰 동물들이 죽었어. 또 당시의 매머드들이 굶었다는 증거도 없단다.

두 번째 주장은 빙하기 말에 아시아 대륙에서 북아메리카 대륙으로 건너온 사람들이 식량으로 큰 초식동물들을 잡아먹었다는 주장이야. 실제 이런 주장을 할 만한 것이, 위에서 이야기한 대로, 사람이 북아메리카에 온지 겨우 몇 천년 만에 남북 아메리카 대륙의 모든 큰 동물들이 사라졌기 때문이란다.

사람들이 작은 초식동물, 예를 들어, 노루나 사슴을 잡아먹을 수도 있어. 그러나 가족이 많아지면 그런 작은 먹이보다는 큰 먹이를 잡는 것이 훨씬 나아. 잡기는 힘들어도 한 마리만 잡으면 상당히 많은 사람이 오랫동안 두고두고 먹을 수 있으니까. 그러므로 그들에게 매머드나 사향소나 낙타나 말은 좋은 사냥감이었지. 말 같이 아주 빠른 동물은 따라가 잡지 않고 절벽으로 몰아서 떨어뜨려 잡았을 거야. 원시인들은 무리를 지어 그런 동물들을 공격했다고 생각돼. 처음에는 사람이 적었고 동물이 워낙 많아 잡아먹었어도 괜찮았단다. 그러나 사람들이 늘어나면서 사람의 주요 식량이었던 큰 동물들이 줄어들다가 급기야 완전히 없어졌다는 주장이야.

물론 이 주장에도 약점이 있어. 바로 만약 사람이 한꺼번에 큰 동물들을 잡아먹었다면 어딘가에 거대한 뼈 무덤들이 있어야 할 터인데 없다는 거야. 그러나 반드시 그런 것은 아니라는 주장도 있단다. 뼈가 흩어지고 썩으면 없어지기 때문이야. 또 사람들이 북아메리카에서 남아메리카로 내려가면서 동물들을 잡아먹었다면 북아메리카의 동물들이 먼저 잡아먹히고 남아메리카의 동물들이 늦게 잡아먹혀야 하는 데 그런 증거가 거의 없거든.

사람이 큰 동물을 죽여 없앴다는 것은 믿기 어려워도 적어도 아메리카 대륙에서 1만 2천 년 전에 몸집이 큰 초식동물들을 없앴다는 주장은 설득력이 있단다. 그렇지 않다는 목소리도 만만치 않았으나 이제는 많이 낮아졌어.

또는 기후가 변하면서 천천히 없어지다가 사람이 완전히 없앴다고 생각할 수 있어. 실제로 위에서 이야기했듯이 브랑겔 섬에서는 매머드가 아주 최근까지 살아 있었던 것이 아마도 사람의 손길이 늦게 미쳤기 때문인지도 몰라. 브랑겔 섬은 북위 70도가 넘어. 현재 사람들이 그 섬에서 해표와 북극곰과 고래를 잡아먹고 살아.

사람 때문에 동물이 없어졌다고 해서, 사람이 마지막 남은 한 마리까지 잡았다는 뜻은 아니란다. 동물은 줄어들다가 어느 한계를 넘어서면 저절로 없어져. 간단히 말해, 낳는 것보다 많은 숫자가 죽으면 결국 멸종하는 거지. 예를 들어 100마리의 매머드가 1년에 새끼를 2마리 낳는데 원시인들이 3마리를 잡으면 매머드는 100년이 지나면 완전히 없어져. 매머드가 나이를 먹으면 새끼를 덜 낳겠지만 어린 매머드가 자라서 새끼를 잘 낳으므로 한 해 평균 2마리가 늘어난다고 쳐도 100년이면 없어져. 그러나 실제는 갑자기 한발이 들거나 매머드가 새끼를 못 낳는 해도 있어서 실제는 20~30년 만에 없어질 수도 있어. 물론 새끼가 한 해에서너 마리가 느는 해도 있겠지만 그런 해는 아주 드물 거야. 아마 날씨가 따뜻해지면서 살 곳이 적어져 매머드는 여기저기 작은 무리로 나뉘고 사람에게 잡히면서, 살아남을 한계를 넘어서 완전히 없어진 것으로 보여. 사람이 어떤 매머드 무리에서 매년 2퍼센트 이상만 잡아도, 그 매머드 무리는 금방 없어지지는 않아도, 결국 완전히 없어진다는 연구 보고도 있단다.

원시인들은 수렵 시절에는 고기를 저장할 줄도 몰라 들짐승을 먹을 만큼 잡아서 고기를 나누어 먹으면서 사이가 좋았단다. 그러나 시간이 가면서 사람들은 늘어나면서 머리가 깨이기 시작했어. 마침내 그들은 지금부터 1만 1천 년 전부터 서남아시아의 유프라테스 강과 티그리스 강 유역에서 농사를 짓기 시작했단다. 떠돌면서 동물을 잡아먹었던 수렵 생활을 끝내고 농경 생활로 들어서기 시작했던 거야. 그들은 어떤 식물을 가장 먼저 재배했을까?

가장 먼저 재배한 식물은 밀의 일종과 콩의 일종, 보리, 아마, 포도, 올리브 등 8가지로 생각돼. 사람들이 농사를 지으면서 과거와는 다른 집단 생활 덕분에 생활도 상당히 안정되었고 수명도 길어지면서 아주 빨리 늘어났단다. 또 그때부터 사람들은 유치하기는 하지만 나라도 만들었어.

농사를 짓기 시작하면서 사람들의 생활은 완전히 바뀌었어. 기근과 전쟁, 빈부 차이, 권력, 노예, 성차별, 부패 등등 현대 사회에서 볼 수 있는 반갑지 않은 현상들이 생기기 시작한 거야. 왜 그렇게 되었을까?

그것은 곡식이 고기와 달리 저장할 수 있고 넓은 곳에서는 많이 나오고 가지고 다닐 수 있기 때문이야. 곧 사람이 조절을 할 수 있는 거지. 물론 기후의 영향을 받아 많이 생산되거나 조금 생산되기는 해. 그러므로 가진 사람과 그렇지 못한 사람이 생기기 시작했던 거야. 동물의 고기는 저장하지 못하므로 먹을 만큼만 잡아서 나누어먹었지만 이제는 그럴 필요가 없어진 거야. 그러므로 가진 사람이 권세를 휘두르고 큰소리를 쳤던 거야.

또 사람들이 약 9,500년 전부터 염소와 양을 시작으로 낙타와 말 같은 짐승들을 가축으로 길들여 기르면서 질병이 퍼지기 시작했어. 수렵 시절에는 질병이 거의 없었단다. 가축들이 사람에게 질병을 옮겼던 거야.

마침내 사람이 농사를 지으려고 한 장소에 머물고 가축을 기르면서 사람은 늘어나기 시작했고 농사 기술을 비롯해 기술과 문화가 발달하기 시작했단다. 시간이 가면서 인구는 계속해서 늘어나고 지금은 70억 명이 넘었고 기술도 발달해 우주 시대에 들어왔어. 몸집이 동물 가운데 그렇게 작지 않은 사람은 지상에 나온 생물 가운데 가장 짧은 시간에 가장 많이 발달한 동물이야.

## 말의 재갈은

말은 우리가 개처럼 집에서 기르는 동물은 아니지만, 사람에게 좋은 일을 많이 한단다. 예를 들면, 말은 우리가 잘 알다시피 자동차가 나오기 이전까지는 개인이 쓸 수 있는 가장 빠르고 편리한 장거리 교통수단이었단다. 또한 말은 힘이 세서 짐도 운반할 수 있고 사람이 말의 고기도 먹을 수 있어 양식도 되었어. 프랑스 사람들은 지금도 말고기를 먹고, 값도 쇠고기보다 비싸단다.

말은 지금부터 약 6천 년 전 중앙아시아에서 길들여지기 시작했어. 그걸 어떻게 알았을까?

바로 말 화석에서 재갈에 닳은 이빨을 발견했기 때문이란다. 말은 재갈을 물리지 않고는 탈 수 없어. 곧 옛날 사람들이 말을 길들여 타면서 말 이빨이 재갈에 닳았고 그런 이빨이 화석으로 나왔던 거야. 그때는 쇠가 나오기 전이므로 재갈을 쇠로 만들지 못하고 동물뼈로 만들었단다. 말 이빨이 재갈을 만든 동물뼈보다 더 단단하거나 비슷할지 몰라도 재갈을 워낙 오래 물려 말의 이빨이 닳았던 거란다.

# 2. 인류의 환경 적응법

### 부시맨의 적응법

남서아프리카의 아주 더운 곳인 나미브 사막에 살고 있는 부시맨을 알지?

그들은 환경에 아주 잘 적응했어. 부시맨, 그 가운데 부시맨 여자들은 몸은 가늘어도 엉덩이는 아주 커서 이상하게 보일 정도란다. 그러나 그것은 더운 환경에 적응한 결과야. 왜 그럴까?

사람은 남는 지방을 다리나 배에 저장한단다. 그러므로 뚱뚱한 사람은 팔다리가 굵고 배가 나와. 그러나 그런 사람의 팔다리나 배의 지방질은 단열작용을 해.

곧 뚱뚱한 사람들은 피부를 통해 열을 내보내지 못하므로 더운 곳에서 살기에는 아주 힘들어. 그러나 부시맨 여인들은 지방을 엉덩이에 저장해서 더운 곳에서도 어렵지 않게 살고 있단다. 부시맨 남자들이 몸이 날씬한 것도 여분의 지방질이 없다는 것을 보여주는 체질이란다. 여러분도 잘 알다시피 사람은 피부를 통해 체온을 조절하잖아.

또 부시맨은 치타의 발자국을 보아 치타의 먹이와 기분과 행동을 알아. 앞발자국이 뒷발자국보다 큰 치타는 인가 근처에서는 가축도 공격하며 길들이면 사람을 따라 다닌단다. 이렇게 치타가 사람하고 가까워지면서 부시맨은 치타를 잘 알게 된 것으로 보여. 부시맨은 원래 남부 아프리카의 넓은 곳에 살았으나 백인에게 밀려나 지금은 남서부 아프리카에서 살고 있단다.

들짐승을 잡아먹고 사는 부시맨은 인류 조상과 가장 비슷한 생활을 하는 사람들로 생각돼. 그 가운데 쿵 부족의 생활은 인류 조상의 생활과 아주 비슷하다는 것이 고고학자들의 의견이란다. 지금도 그들은 무리를 지어 기린을 사냥하고 새를 잡아먹으면서 살고 있단다.

그러나 그들은 요사이 펌프 같은 문명 세계의 편리한 물건을 받아들이면서 원래의 생활을 많이 잊어버렸다는 주장이 있어. 펌프가 들어오기 전에는 멜론의 물이 그들에게 가장 좋은 물이었어. 또 식물덩이 뿌리에서도 물을 얻어. 그들은 더위에도 적응해서 하루에 물 250시시면 문제없어. 반면 유럽인은 하루 2천 시시로도 모자란단다.

한편 지금도 나미비아 사막에 살고 있는 원주민 헤레라 족은

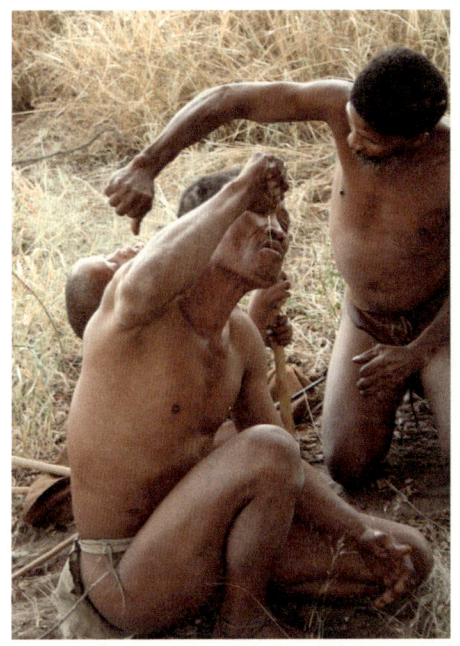

남아프리카 나미비아 사막에서
'자연 그대로' 살아가는 부시맨.

염소를 키우며 나무와 진흙을 섞어서 지은 집에서 살고 있어. 그
들은 매일 염소를 몰고 나간단다. 그들은 부시맨과는 달리 한곳
에 머물러 살아.

아프리카 흑인처럼 열대지방에 사는 사람들은 자외선을 막으
려고 피부에 검은 색소가 발달해 피부가 검게 보여. 그러나 그들
의 피부는 아주 보드라워. 반면 태양이 많이 비치지 않는 스칸디
나비아 사람들의 피부는 아주 맑고 하얗단다. 자외선을 많이 받
아야 하기 때문이야.

## 파푸아뉴기니 여성들의 적응법

사람이 아이를 낳는 것은 후손을 보존한다는 점에서 가장 중요한 일이야. 그러므로 임신한 부인이 아이를 낳을 때 부인 자신과 의사와 가족들은 아주 조심한단다. 그러나 이것은 문명 세계의 이야기일 뿐이야.

우리로서는 감히 상상도 하지 못할 무섭고 뜻밖의 방법으로 아이를 낳는 부인들도 있단다. 파푸아뉴기니 섬에 살고 있는 어느 원주민은 옛날부터 동네에서 아이를 낳지 못하게 해. 그들은 동네에서 아이를 낳으면 동네에 불행한 일이 생긴다는 미신을 갖고 있거든.

그래서 아기를 낳을 때가 가까워진 부인은 동네에서 떨어진 산속으로 들어가 움막을 짓고 내려온단다. 출산이 아주 가까워 진통이 오면 움막으로 올라가 혼자 아이를 낳아. 도와주는 사람이 없어 아이의 탯줄도 혼자서 끊어. 단지 다음날 아침 동네 여자가 음식을 가지고 올 따름이야. 마을로 돌아가는 도중 강가에서 아이를 목욕시킨단다. 그 원주민들의 남자아이는 7살이 되면 가족을 떠나 독립 생활을 해.

우리 눈에는 대단히 야만스럽고 유치하게 보이는 그런 나쁜 조건 속에서도 그 종족이 수만 년 동안 살아남아 있다는 것은 그들의 생명력, 그 가운데 여자들의 생명력이 대단히 강하다는 것을 보여주는 좋은 예로 보여. 또한 이런 것을 보면 사람이 사는 방법과 생각하는 것도 그들이 사는 환경에 따라 아주 큰 차이가 있다는 것을 알 수 있어.

## 오스트레일리아에서 생긴 일

피부가 검고 무섭게 생긴 오스트레일리아 원주민들은 언제 오스트레일리아로 갔을까?

그들은 원래 동남아시아에 살았던 사람들이란다. 지금부터 4~5만 년 전에 오스트레일리아 대륙으로 건너가 그곳 원주민이 되었어. 그들은 뜨거운 기후에 적응해 피부가 진한 갈색이 되었

전통놀이인 고리를 하고 있는 오스트레일리아 원주민들. 1922년에 찍은 사진이다.

단다. 그들은 창으로 그곳의 많은 캥거루를 잡고, 부메랑으로 작은 짐승들과 새를 잡았단다.

원래 오스트레일리아에는 박쥐를 빼고는 우리 주위에서 쉽게 볼 수 있는 태반포유류는 한 종도 없었어. 모두 사람이 가져온 종뿐이야. 들개 딩고는 오스트레일리아 원주민들이 가져온 개가 야생 동물이 된 거란다. 또 쥐는 사람이 배를 타고 가는 곳이면 어디든지 따라와 퍼져서 살고 있어. 1700년대 말부터 백인이 몰려오기 시작하면서 그들이 가져온 토끼나 양 같은 동물들이 퍼졌어. 토끼는 이제는 너무 많아 일부러 죽일 정도가 되었어. 또 1840년 무렵에 들어온 단봉낙타는 1907년까지 들어와 중서부 호주 지방에 많이 전파되었어. 지금 눈에 띄는 야생 낙타는 그때 가져왔다가 버려둔 낙타들의 후손이란다.

사람이 가져간 딩고는 이제는 들개의 상징이 되었다.

오스트레일리아에서 1936년에 멸종한 타스마니아 늑대. 양의 천적이라는 이유로 무차별 학살한 결과 멸종했다.

반면 사람들이 오스트레일리아로 오면서 원래 그곳에 있던 동물들이 없어진 것도 있단다. 예컨대, 날지 못하는 모아새는 유럽 사람들이 이곳으로 처음 오면서 완전히 없어졌어. 지금 그 새의 알이 발견되어 아주 비싼 값에 몰래 팔리곤 한단다. 또 타스마니아 섬에만 있었던 등에 흑갈색 줄이 있는 육식 유대류인 타스마니아 늑대도 20세기에 사람들이 멸종시켰어.

## 고비 사막에서 여우 잡기

우리가 이름을 많이 들었던 고비 사막은 몽골의 남서쪽을 차

지하는 거대한 사막이야. 뜨거운 태양만 이글거려 아무것도 없는 황무지 같지만, 그래도 마른 풀이 있고 들쥐가 있고 이를 잡아 먹는 여우가 있어. 늑대도 있고 샘물도 있어 사람이 산단다.

그 사람들은 양이나 염소를 키우면서 외부 세계와 교류가 없어 외부 세계를 아주 몰랐단다. 예를 들면, 그들은 1946년 소련과 폴란드 합동 고비 사막 탐험대의 트럭을 보고 달아났어. 사람이 달아나자 개들이 달아났고 그러자 고비 사막의 사람들이 타고 다니는 낙타도 덩달아 달아났단다.

그들은 고비 사막에서 신기한 방법으로 여우를 산 채로 잡아. 먼저 그들은 앞에 가지를 몇 개 만든 8미터 정도 되는 철사 줄을 여우굴 속에 넣고 줄을 돌린단다. 그러면 가지에 여우의 털이 감겨. 여우는 철사에 감기지 않으려고 발버둥을 쳐. 그러나 한 30분 후에는 기진맥진한 여우가 철사에 감겨 끌려나온단다. 여우가 똑똑한 동물이라 철사에 감기지 않을 것 같고 자기가 살아갈 방법이 있을 것 같아도 사람에게는 당하지 못해. 여우는 굴을 직선으로 파는 습성이 있어.


## 인류는 영원히 멸종하지 않을까?

생물은 언제 죽을까 생각해 본 적이 있어? 동물들은 먹이가 없고 기후가 맞지 않으면 당연히 죽는단다.

예를 들어, 팬더는 대나무의 잎과 가지, 뿌리, 그리고 죽순만 먹어. 현재 팬더는 대나무 덕분에 살아가. 그러나 만약 무슨 이유로 대나무가 갑자기 없어지거나 적어지면 팬더는 살아남기 어려울 거야. 한때 중국과 미얀마에 걸친 상당히 넓은 곳에서 살았던 팬더가 지금은 쓰촨(四川) 지방 산골짜기로, 사는 지역이 점점 좁아지는 이유도 대나무숲이 없어지기 때문이란다. 생물이 강하려면 먹는 것을 가려먹으면 안 된단다. 한편 동물원에 있는 팬더는 우유와 곡식과 정원에 있는 풀을 먹고도 잘 살아.

또 기후가 변하면 대부분의 생물은 살기 어려워 죽어 없어져. 날씨가 추워지면 주로 새끼들이 얼어 죽어. 또 날씨가 건조해져도 생물들은 살기에 힘들어져. 단순히 물이 없어져 살기 힘들다는 뜻은 아니고 물이 있어도 살기 힘들어. 예를 들면 알에서 부화한 새끼가 굳은 땅을 파고 나오지 못하기 때문이야. 그러므로 건조해지면 악어나 거북처럼 어미가 땅속에 낳은 알에서 부화하는 동물들은 죽을 위험이 더 높아진단다.

태평양과 인도양의 섬에서 사는 몸통이 큰 육상거북들도 기후가 바뀌면서 죽어 없어졌어. 그 거북의 새끼들은 땅 속에서 부화한 다음 단단한 땅을 파고 나올 힘이 없어 멸종했을 거야. 그런 것으로 보아 그 거북은 지금보다 더 습기가 많은 기후에 적응해 살았던 것 같아. 그런데 기후는 상당히 빨리 바뀌었지만 거북이 살아가는 방법이 변하는 환경을 따라오지 못해 멸종했다고 생각돼. 그 거북은 알을 적게 낳아 20개 정도를 낳았단다. 그러나 암컷은 두 번 알을 낳을 수 있었어. 그렇더라도 그 거북이 완전히 없어지는 것을 막지 못했단다. 그 거북은 몇몇 섬에서 유럽 사람이 오기 전에 완전히 없어졌어. 반면 백인들이 거북을 잡아서 식량으로 쓰면서 거북들을 완전히 없앤 경우도 있단다.

그렇다면 사람은 어떨까? 사람은 지능이 우수해 어느 동물보다도 환경에 잘 적응한단다. 추운 곳에서는 옷을 입어 따뜻하게 하고 더운 곳에서는 옷을 벗어 시원하게 해. 언어를 개발해 의사를 소통했단다. 또 여러 방법으로 식품을 얻어 목숨을 유지하는 데는 문제가 없어.

그러나 사람들도 다른 사람들에게 멸종당한단다. 가장 눈에 띄는 예가 바로 북아메리카와 오스트레일리아 원주민이야. 한때 그들, 그 가운데 중앙아메리카 아스텍 족 2,500만 명은 찬란한 문명을 이룩했으나 백인에게 어이없이 멸망당했어. 그들은 백인의 무기에도 죽었지만 백인이 전염시킨 천연두나 독감, 결핵 따위의 질병에 무방비 상태로 쓰러졌어. 백인들의 배가 한 번씩 올 때마다 무더기로 죽어갔단다. 심지어 백인이 갖다 준 옷으로도 병이 전염돼 죽었어.

요즘도 아마존 강 유역에서 사는 여러 원주민들은 백인에게 밀려 숫자가 많이 줄어들었고 문화도 많이 사라졌단다. 원주민들이 사는 곳에서 사금이 발견되고, 백인들이 원주민을 야만인이라고 생각해서 무자비하게 죽였고 백인들이 옮긴 질병으로 죽었기 때문이야. 약 400만 명으로 추산되던 원주민들은 지금은

20만 명 정도만 살아남았어.

현재 사람들은 넓은 지역에 흩어져 살고 있고 피부색, 언어, 종교, 역사, 생각, 풍습이 서로 달라. 그러므로 그런 차이, 이른바 문화의 차이에 적응하기는 쉽지 않아. 또 개인에 따라 적응하는 정도가 달라. 그러나 사람이 어느 환경에서든지 잘 살아가려면 그 사회와 문화에 적응해야 한단다. 그렇지 않으면 그 사회에서 밀려나. 사람도 생물의 일종이란다. 더구나 최근 들어 인간이 자연을 너무나 생각 없이 파괴해서, 언젠가는 인간 자신마저 없어지지 않을까 두려워.

# 아시아에서 사는 아프리카 흑인

아시아에 아프리카 흑인이 있다니 이상하지?

그러나 분명히 있었단다. 바로 말레이 반도 사이의 벵골 만, 더 정확하게 미얀마 남해안에서 200킬로미터 정도 떨어진 안다만 군도에 있어. 인도 영토인 이 군도는 남북 방향으로 흩어진 약 200개의 크고 작은 섬들로 되어 있어. 이 군도에 있는 수백 명의 사람들은 두툼한 입술과 얼굴, 곱슬머리, 새까만 피부를 볼 때 분명히 아프리카 흑인이야.

이들은 약 10만 년 전에 동아프리카를 떠나서 아라비아 반도를 지나서 인도를 지나 온 것으로 생각돼. 인류학자 말로는 그들이 6만 년 전에 아시아에 왔고, 4만 년 전에 남쪽으로 내려갔대. 이 섬으로 가장 먼저 온 사람은 약 35,000년 전에 온 것으로 생각돼. 그때는 바다 수면이 낮아서 그 섬이 아직 섬이 아니었어. 지금 미얀마 남쪽에 연결되어서 그들은 걸어왔던 거야. 그러나 그 다음 바다가 높아져 섬이 되면서, 그들의 방랑은 1만 년 전에 끝났단다. 그러나 지금까지 이 섬에서 발견된 가장 오래된 인간의 흔적은 2,200년 정도야. 바로 그들은 그때서야 흔적을 남겼던 것으로 보여.

그들은 모두 네 부족으로, 체격이 큰 부족도 있고 작은 부족도 있어. 키가 큰 부족은 잘 생겼고 작은 부족은 아프리카 피그미 족 정도의 키야. 그들은 인류의 조상처럼 먹을 것을 수렵하고 채집한단다. 활로 멧돼지나 다른 짐승이나 새를 잡아. 활은 나무와 수천 년 동안 해안으로 밀려온 쇠붙이들을 주워서 만들었어. 또 바나나와 야자 열매를 따먹고 해산물도 먹을 거야. 야자열매 껍질을 입으로 물어뜯어서 실을 만들어 목이나 허리에 걸치는 끈 같은 옷도 만들고 망태기도 만든단다.

가장 남쪽에 있는 작은 안다만 섬에서 살고 있는 160명의 온즈 족은 북쪽 중간 안다만 섬에 있는 부족을 '자라와'라고 부르는데 이 말은 '외부인'이라는 뜻이란다. 이런 것을 보아, 위에서 말했듯 이, 그들은 체격도 달라 같은 종족도 아니고 도착한 시간도 다르 다고 생각돼. 또 센티넬레스 족도 있고 큰 안다만 족도 있단다. 19 세기 말 백인에게 처음 발견되었을 때에는 흑인들이 6개 부족에 5,000명 정도였단다. 1901년에는 큰 안다만 족이 625명, 온즈 족 이 672명, 자라와 족이 468명, 센티넬레스 족이 117명이었어. 20 세기 말에는 자라와 족과 센티넬레스 족과 온즈 족은 많아야 각각 200명이 채 안 되고 큰 안다만 족은 겨우 28명 남았단다.

그들의 유전자를 조사한 결과, 그들은 아시아 사람보다는 남아프 리카에 있는 키가 작은 흑인 부족인 피그미 족과 훨씬 비슷하다는 것이 밝혀졌어. 이들이 아프리카에서 왔다는 멋진 증거지. 그런 점 에서 그들은 인류가 아프리카에서 생겼다는 것을 증명하는 사람 들이야. 또 1999년 대만과 중국에서 28개 소수민족의 유전자를 연구한 결과도 아프리카 흑인과 비슷하단다. 바로 인류의 고향은 아프리카라는 증거야.

그들은 그들을 연구하러 찾아간 인류학자가 준 옷감을 몸에 걸치 고 즐거워했단다. 또 라이터로 불을 일으키는 것을 보고 아주 놀 라면서 재미있어 했어. 백인들과 친해지자 백인들에게 야자 열매 같은 것을 선물로 가져왔단다.

그들의 역사를 보면 인도를 식민지로 가지고 있던 영국인들이 그 들을 발견해, 그들을 한 섬으로 쫓아 보내면서 그들이 많이 죽었 단다. 그러나 지금 인도 정부가 그들을 보호해. 그래도 외부인들 이 몰려들면서 병이 전염되면서 많이 줄어들었어. 실제 1997년 큰 섬의 남서쪽에서 14명의 키가 크고 예쁜 젊은 여성과 어린이를 만 났지만 2000년 3월에는 한 사람도 없었어. 아시아에 남아 있는 순 수한 마지막 아프리카 사람들이 사라지지 않아야 할 터인데……

# 찾아보기